21 世纪全国高职高专电子信息系列实用规划教材

高频电子线路

主　编　李福勤　杨建平

副主编　唐明良　屈芳升

参　编　刘桂敏　闵　茹

　　　　叶战波　杨其锋

北京大学出版社

PEKING UNIVERSITY PRESS

内 容 简 介

本书是面向 21 世纪高等职业教育的教材。全书共 9 章，内容包括：绪论、高频电路基础知识、高频小信号放大器、高频功率放大器、正弦波振荡器、幅度调制与解调电路、角度调制与解调电路、锁相环路与频率合成技术、高频电子电路应用。

本书在选材和论述方面注重基本概念和实际应用，第 3 章～第 8 章每个章节都安排了实训项目，有利于学生加深对高频电子线路知识的理解和提高学生的实践能力，同时每个章节都安排了一定数量的习题。

本书可作为高职高专院校电子信息工程、通信工程等专业的教材，也可供相关专业工程技术人员参考。

图书在版编目(CIP)数据

高频电子线路/李福勤，杨建平主编. —北京：北京大学出版社，2008.1
(21 世纪全国高职高专电子信息系列实用规划教材)
ISBN 978-7-301-12386-7

Ⅰ. 高…　Ⅱ. ①李…②杨…　Ⅲ. 高频—电子电路—高等学校：技术学校—教材　Ⅳ. TN710

中国版本图书馆 CIP 数据核字(2007)第 083346 号

书　　　　名：	高频电子线路
著作责任者：	李福勤　杨建平　主编
策 划 编 辑：	徐　凡　赖　青
责 任 编 辑：	徐　凡　李娉婷
标 准 书 号：	ISBN 978-7-301-12386-7/TM・0010
出　版　者：	北京大学出版社
地　　　址：	北京市海淀区成府路 205 号　　100871
网　　　址：	http://www.pup.cn　http://www.pup6.com
电　　　话：	邮购部 62752015　发行部 62750672　编辑部 62750667　出版部 62754962
电 子 邮 箱：	pup_6@163.com
印　刷　者：	北京飞达印刷有限责任公司
发　行　者：	北京大学出版社
经　销　者：	新华书店
	787 毫米×1092 毫米　16 开本　12 印张　270 千字
	2008 年 1 月第 1 版　　2013 年 8 月第 3 次印刷
定　　　价：	20.00 元

前　言

随着电子、电信技术的飞速发展，高频电子线路的应用也越来越广泛，高频电子线路理论也不断地得到充实和发展。为了更好地适应新形势下我国高职高专教育发展的需要，我们编写了《高频电子线路》教材。该教材可供电子、通信类专业使用，也可供相应工程技术人员参考。

高频电子线路是一门理论性、实践性都很强的课程，其先修课程为电路基础、模拟电子线路等。结合高职高专教学的特点，在教材编写过程中，我们力求简单明了，尽量减少复杂烦琐的理论推导，在强调基本概念的基础上，以常用基本电路为对象进行基础理论分析和实际应用介绍，做到理论与实际相结合；同时，结合当前电子技术的发展，重点介绍了集成电路在具体电路中的应用。章后安排了实训项目，以便更好地帮助读者掌握对高频电子线路的性能分析，加深对高频电子线路的工作原理和电路调试方法的理解。

本书由李福勤、杨建平任主编。第 1 章由丽水职业技术学院叶战波编写，第 2 章和第 4 章由河南机电高等专科学校李福勤编写，第 3 章和第 6 章由兰州工业高等专科学校杨建平编写，第 5 章由辽宁信息职业技术学院刘桂敏编写，第 7 章由重庆正大软件职业技术学院唐明良编写，第 8 章由河南职业技术学院屈芳升编写，第 9 章由河南机电高等专科学校闵茹编写。全书的实训内容由河南机电高等专科学校杨其锋编写。

由于作者水平有限，书中难免有不妥之处，敬请读者批评指正。

编　者

2007 年 10 月

目　录

第 1 章 绪 论

1.1 信 息 技 术

1. 信息

从哲学意义上来看，信息是自然界、人类社会、人类思维活动中普遍存在的一切物质和事务的属性。信息是具有价值性、实效性和经济性，可以减少或消除事务不确定性的消息、情报、资料、数据和知识。信息理论的创始人香农说："信息是用以消除不确定性的东西"。

信息不同于知识。知识是认识主体所表述的信息，是序化的信息，而并非所有的信息都是知识。

信息不同于消息。消息只是信息的外壳，信息则是消息的内核。消息是通过一定的语言、文字、图形和符号等形式表现出来的客观存在的事实。但是，并不是说所有的图形和符号都是信息。事实上，只有经过使用者选择、加工并对实体运动产生影响的数据、图形、色彩和符号等，才能称为信息。

信息不同于数据。数据是记录信息的一种形式，是记录客观事实的符号。数据并不只是数字，所有用来描述客观事实的语言、文字、图画和模型都是数据。同样的，信息也可以用文字或图像来表述。信息是人们对数据的解释，或者说是数据的内在含义。根据这个定义，那些能表达某种含义的信号、密码、情报、消息都可概括为信息。信息是经过加工后的数据，它会对接收者的行为和决策产生影响，它对决策者增加知识具有现实的或潜在的价值。信息是经过加工以后的数据的概念。数据与信息的转换过程，如图 1.1 所示。数据和信息的概念是相对的，对于第一次加工所产生的信息，可能成为第二次加工的数据。同样，第二次加工得到的信息可能成为第三次加工的数据。

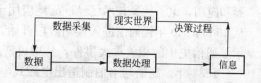

图 1.1　数据与信息转换过程

2. 信息技术

1）信息包括的内容

信源：即信息的发布者，也就是传者。

信宿：即接受并利用信息的人，也就是受者。

媒介：原意指中间物，可用以记录和保存信息并随后由其重现信息的载体，媒介与信息密不可分，离开了媒介，信息就不复存在，更谈不上信息的交流和传播。

信道：指信息传递的途径、渠道。信道的性质、特点将决定对媒介的选择，比如，在谈话中，传者如果是以声波为交流信道的，那么，声波信道的特性便决定了所选取的交流媒介只能是具有"发声"功能的物体、材料和技术手段。同样，如果是以频道为信息传递渠道的，其媒介选择只能是电子类的载体。

反馈：指受者对传者发出信息的反应，在传播过程中，这是一种信息的回流。传者可以根据反馈信息检验传播的效果，并据此调整、充实、改进下一步的行动。

2）信息科学

以信息论和控制论为理论基础，与电子学、计算机科学和自动化技术等相结合，包含信息论、控制论、仿生学、人工智能、计算机和系统工程等方面的内容。简而言之，信息科学是一门以信息为对象，以研究信息本质及其运动规律为内容，以信息科学方法论为方法，以扩展人类信息功能为目的的科学。

3）信息技术

应用信息科学原理和方法同信息发生关系的技术。具体地说，是指有关信息的产生、识别、提取、变换、存储、传递、处理、检索、检测、分析、决策、控制和利用的技术。信息技术可能是机械的，也可能是激光的；可能是电子的，也可能是生物的。只要它确实可以增强、扩展或延伸人的某种信息功能，就是信息技术。信息技术虽然各式各样，但主要以传感技术、通信技术和计算机技术为主。传感技术的任务是延长人的感觉器官收集信息的功能；通信技术的任务是延长人的神经系统传递信息的功能；计算机技术则是延长人的思维器官处理信息和决策的功能。

4）信息化社会

在国民经济和生活的各个领域越来越广泛、越来越普遍地使用信息技术和信息方法来开发和利用各种各样的信息资源，并以此为手段来进一步开发和利用物质资源和能量资源，从而不断地把社会的精神文明和物质文明推向历史的新水平，推动社会的进步，即信息化社会时代。信息科学与技术在电子技术特别是通信、计算机领域对社会已经产生深刻的影响。

3. 信息技术在电子通信领域的特点及应用

电子通信的特点是快速、准确、保密性强，因而得到了飞速发展和广泛的应用。信息技术的发展依赖于电子通信技术的发展，实现社会信息化的关键是各种计算机和电子通信的发展和应用，电子信息技术已经广泛地应用于国民经济、国防建设乃至家庭生活的各个方面。从 19 世纪 40 年代通信进入实用阶段开始，近几十年来通信技术得到了飞速发展。下面展示了通信史中的相关重大事件，从中可清楚地看到电子通信的发展过程及应用情况。

1834 年，高斯与韦伯制造出电磁式电报机；

1837 年，库克与惠斯登制造成电报机；

1838 年，莫尔斯发明有线电报；

1842 年，实现莫尔斯电报通信；

1864 年，麦克斯韦提出电磁辐射方程；

1876 年，贝尔发明电话；

1896 年，马可尼发明无线电报；

1906 年，发明真空管；

1918 年，调幅无线电广播、超外差接收机问世；

1925 年，开始采用三路明线载波电话、多路通信；

1936 年，调频无线电广播开播；

1937 年，发明脉冲编码调制原理；

1938 年，电视广播开播；

1940～1945 年，"第二次世界大战"刺激了雷达和微波通信系统的发展；

1948 年，发明晶体管，香农提出了信息论；

1950 年，时分多路通信应用于电话；

1956 年，敷设越洋电缆；

1957 年，发射第一颗人造卫星；

1958 年，发射第一颗通信卫星；

1960 年，发明激光技术；

1961 年，发明集成电路；

1962 年，发射第一颗同步通信卫星，脉冲编码调制进入实用阶段；

1960～1970 年，彩色电视问世、阿波罗宇宙飞船登月、数字传输的理论和技术得到迅速发展，出现高速数字电子计算机；

1970～1980 年，大规模集成电路、商用卫星通信、程控数字交换机、光纤通信系统、微处理机等迅速发展；

1980 年以后，超大规模集成电路、长波长光纤通信系统广泛应用，互联网崛起；

1990 年以后，卫星通信、移动通信、光纤通信等进一步发展，DTV(清晰度电视)、HDTV(高清晰度电视)不断成熟，GPS(全球定位系统)广泛应用。

1.2　通　信　系　统

1.2.1　通信的含义

人类在生活、生产等社会活动中总是伴随着消息(或信息)的传递，这种传递消息(或信息)的过程称为通信(Communication)。在远古时代，人类就用消息树、旌旗、烽火台、驿站等进行简单的消息(或信息)传递，这是远古时代的通信。在人类开始认识和使用电能的同时，便开始利用电信号进行消息的传递。1837 年，莫尔斯发明电报机，并设计了莫尔斯电码；1876 年，贝尔发明电话机。这样，利用电磁波不仅可以传输文字，还可以传输语音，由此大大加快了通信的发展进程。1895 年，马可尼发明无线电设备，从而开创了无线电通信发展的道路。如今无线电通信已把人类带入了信息化时代。无线电通信顾名思义就是借用"电"而不用"线"的通信方式，是利用"电磁场"把信息在空间传递的通信方式。这种通信方式具有迅速、准确、可靠的特点，几乎不受时间、地点、距离的限制。随着电子技术的飞速发展，无线通信技术也进入了一个崭新的时代。它已从早期的电报、广播、电视等发展到无线电导航、移动通信、卫星广播、近代防空雷达、遥测、遥感、太空探测等各个技术领域。

1.2.2　无线电的传播途径

1. 无线电波的传播方式

无线电波在空间的传播是十分复杂的，按传播的途径大致可分为以下四种(见图 1.2)。

地波：沿地表面传播的无线电波。

天波：由电离层反射传播的无线电波，也称电离层反射波。

直接波：从发射天线出发直接（即不经过反射、绕射等）到达接收天线的无线电波。

地面反射波：从发射天线出发，经地面反射到达接收天线的无线电波。

总之，如果发射无线电波的导体结构（即天线）适合于将电磁场暴露在空间，而且送到天线的电流频率足够高，那么天线的高频能量就会"飞"离天线，以交变电磁场的形式向空间传播。

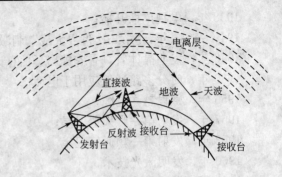

图 1.2　无线电波的传播方式

2. 无线电波的波段划分及各波段传播特性

尽管无线电波是电磁波的一部分，但由于频率范围很宽，不同频段的无线电波特性也不完全一样。通信通常分为长波通信、中波通信、短波通信、微波通信等，这样就有必要对电波按照频率或波长进行分类。表 1-1 是我国在 1982 年 9 月颁布的无线电频段和波段及使用说明。

表 1-1　无线电频段和波段及使用说明

频段名称	频率范围	波段名称	波长范围	传输媒介	用　　途
甚低频（VLF）	3～30kHz	甚长波	$10^4 \sim 10^8$ m	有线线对、长波无线电	音频、电话、数据终端长距离导航、时标、水下通信、声呐
低频（LF）	30～300kHz	长波	$10^3 \sim 10^4$ m	有线线对、长波无线电	导航、时标、电力线通信、越洋通信、水下通信、地下岩层通信
中频（MF）	300～3000kHz	中波	$10^2 \sim 10^3$ m	同轴电缆、短波无线电	调幅广播、移动陆地通信、业余无线电、海事通信、测向、遇险求救、海岸警卫
高频（HF）	3～30MHz	短波	$10 \sim 10^2$ m	同轴电缆、短波无线电	移动电话、短波广播、军事通信、业余无线电、气象、石油、地质、航海、救灾、移动通信
甚高频（VHF）	30～300MHz	米波	1～10m	同轴电缆、米波无线电	电视、调频广播、空中管制、车辆通信、导航、雷达、警用通信、飞机通信
特高频（UHF）	300～3000MHz	分米波	1～10dm	波导、分米波无线电	微波接力、卫星空间通信、雷达、电视、无线电探空仪、导航、GPS、无线电高度计
超高频（SHF）	3～30GHz	厘米波	1～10cm	波导、厘米波无线电	公用陆地移动通信、无线电测高
极高频（EHF）	30～300GHz	毫米波	1～10mm	波导、毫米波无线电	雷达、微波接力、射电天文学、卫星通信、移动通信、铁路业务
至高频	300～3000GHz	丝米波	1～10 丝米	光纤、激光空间传播	光通信

（注：超高频、极高频及至高频对应波段名称"厘米波、毫米波、丝米波"合称为微波）

3. 各波段电波传播特性

1) 电离层的概况

在地球表面 70～300km 的高空，存在着一个天然的"反射层"。这里空气稀薄，气体分子或原子被太阳辐射的紫外线和 X 射线电离，形成自由电子和离子。它们像云层一样笼罩着大地，这就是电离层。电离层还可以分成几层，图 1.3 所示的就是电离的分层情况。

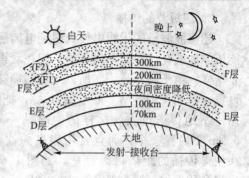

图 1.3 电离的分层情况

自下而上称为 D 层、E 层、F 层。F 层在白天又可分为 F1、F2 两层。在夜间，D 层消失，E 层的密度也降低，而 F1 和 F2 层合并成 F 层。F2 层电子密度最大，F1 层、E 层、D 层依次减小。长波段无线电波到达 D 层就被反射回来；中波段到达 E 层就会被反射回来；而短波无线电波可以穿过 D 层、E 层，然后由 F 层反射回来。

2) 中波、短波的传播

(1) 中波的传播：中波波段是国内广播用的主要波段。在白天，由于电离层 D 层的强烈吸收作用，中波经过 D 层时损耗很大，不可能由电离层反射传播而主要靠地波传播。到了晚上，D 层消失，中波可以经由 E 层反射传播到比较远的地方去。所以晚上可以收听到远处外地的中波广播电台，而白天只能收到本地或邻近省市的广播电台。

(2) 短波的传播：短波的波长较短，碰到 F 层就会被反射回来。当它通过 E 层时会有些损耗，波长越长损耗越大，尤其在白天，E 层密度大，对短波的低频段有很强烈的吸收，只有短波的中、高频段的电波才能穿过 D 层、E 层，被 F 层反射回来，所以两地之间如果用短波进行通信，白天要用较高的频率，晚上要用较低的频率才行。不但电离层能够反射短波段无线电波，地球表面同样也能够反射。这样，由电离层反射回地球的电波，会再一次被地面反射到电离层。经过这样交替反射，使短波无线电波可以传播到很远的地方，有时竟能绕地球几周。地球与电离层反射短波的情况，如图 1.4 所示。

但是在有些地区，地波由于传播过程中逐渐被损耗而到达不了，天波通过电离层反射却又落在更远的地方，在这个地区天波和地波都收不到，这个地区称为"静区"或"寂静区"，如图 1.5 所示。

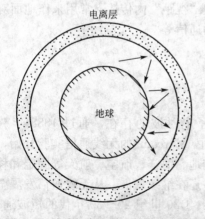

图 1.4 地球与电离层反射短波的情况

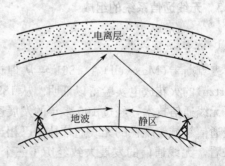

图 1.5 "静区"示意图

3）超短波的传播

超短波波段的无线电波入射到电离层时，会直接穿过电离层不能返回地面。因此，只能依靠地波在"视距"内传播，即在看得见的范围内沿直线传播。电视广播和微波通信就是这样。由于频率高了，所以地波的损耗也增大了。要想把超短波传到很远的地点，必须设置一系列"中继站"或"接力站"，把信号一站一站地传送过去。这样的中继站一般每隔50km要设置一个，而且常用很高的铁塔或山头使得传播的距离可以远些，如图1.6所示。电视台的发射天线一般高达100m以上。

图 1.6　微波中继站

在超短波的传播上，有时会出现一种令人奇怪的现象——电波会传播到几百千米、甚至几千千米以外，这种异常传播的原因大致有以下几个方面。

（1）分散 E 层的反射：在夏季的白天，电离层中的 E 层下部，常常会产生分散 E 层，叫 Es 层。Es 层可以反射超短波，如图 1.7 所示。

（2）散射：对流层中的不均匀体可能对超短波产生散射作用，如图 1.8 所示，其中一部分返回地面。

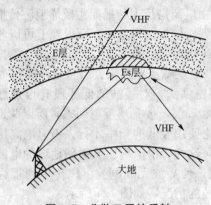

图 1.7　分散 E 层的反射

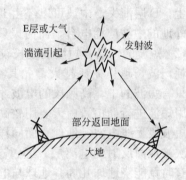

图 1.8　散射

（3）其他原因：山岭的反射、衍射、大气波导传播等。

4）微波的传播

微波的传播与光的传播相似。它可以领先地波在"视距"内传播，常用来作地面对空中物体、空中物体之间通信、卫星通信、宇宙飞船的通信等。

1.2.3　无线通信系统的组成

1. 无线通信概况

麦克斯韦（Maxwell）在 1861 年从理论上预言了电磁波的存在，通过 1888 年赫兹（Hertzh）的火花放电实验得以证明。从 1896 年马可尼（Marconi）的无线通信实验开始，出现了无线通信技术，经过 100 多年的发展逐步涉及陆地、海洋、航空、航天等固定和移动无线通信领域。现在的无线通信技术已相当成熟，并还在继续发展。从无线通信发展全过程来看，无线通信的发展大致经历了三个重要阶段：①20 世纪 20～30 年代的短波通信；②50～70 年代的微波接力通信（含卫星通信）；③80 年代到现在的蜂窝移动通信。从无线通信方式的发展来看，由节点通信发展到干线传输方式，以至将交换、无线传输和用户终端综合在一起组成的系统以"网"的概念来进行传输的通信方式，而承载的电信业务，则是由电话语音的传输发展到数据的传输，以至图像的传输。

2. 无线通信系统的基本组成模式

通信中要进行消息的传递，必须有发送者和接收者，发送者和接收者可以是人也可以是各种通信终端设备。换句话说，通信可以在人与人之间，也可以在人与机器或机器与机器之间进行。一般通信系统必须要有三大部分：一是发送端，二是接收端，三是传输媒介，如图 1.9 所示。

图 1.9　通信系统的一般模型

信息源(简称信源)是信号的发源地。信源一般有模拟信源和离散信源之分。模拟信源输出的信号在时间和幅度上都是连续的，如语音、图像以及模拟传感器输出的信号等。离散信源的输出是离散的或可数的，如符号、文字以及脉冲序列等。离散信源又称为数字信源。模拟信源可以转换为数字信源，它是通过把模拟信号进行抽样、量化、编码而变为数字信号的。一般把信源输出的信号称为基带信号。

发送端由信源和发送设备组成。发送设备是发送端的重要部分，它的功能是将信源和传输媒介连接起来，将信源输出的信号变为适合于信道传输的信号形式。变换的方式很多，采用什么样的变换方式则要根据信号类型、传输媒介和质量要求等决定。有时则可以将电信号直接送于媒介传送，有时要进行频谱搬移。在需要搬移时，调制则是最常用的一种频谱搬移方式。

接收端由接收设备和收信者（也称信宿）组成。接收设备的功能是将收到的信号变换成与发送端信源发出的消息完全一样的或基本一样的原始消息。显然接收设备应该是发送设备的反变换。收信者是信息的终点。一般情况下收信者需要的消息应和发信者发出的消息类型一样。对于收信者和发信者来说，不管中间经过什么样的变换和传输，都不应该将二者所传递的消息改变。收到和发出的消息的相同程度越高，通信系统性能越好。

3. 无线电发射机的基本组成

在无线电广播和通信中，声音、图像以及其他需要传送的信息都是"运载"在高频电振荡上，通过天线发送出去的。这里，用来产生高频电振荡，把所要传送的信号"运载"在高频电振荡上，并使高频电振荡具有足够大功率的无线电设备称为发射机。一部无线电波发射机，大体上由振荡、调制、放大三个基本部分组成，如图 1.10 所示。

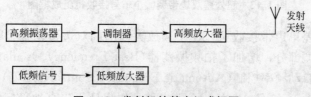

图 1.10　发射机的基本组成框图

图 1.11 是一个间接调频发射机组成框图。该电路的调制信号 V_s 经 RC 积分网络后，加到调相电路中，对石英晶体振荡器（简称晶振）产生的高稳定的载频 V_c 进行调相，再经过倍频、功率放大后，送到发射天线上变为电磁波发送出去。

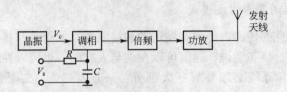

图 1.11　间接调频发射机组成框图

4. 无线电接收机的基本组成

各种无线电发射机向空中辐射的电磁波都会在接收天线上感应出信号电动势。无线电接收机的任务就是从这许许多多的电台中把所需的信号选择出来，进行放大并变换成为低频信号（要接收电台的低频调制信号），以推动受话器、扬声器或其他终端设备。无线电接收机种类很多，通常一般根据对信号的调制方式分为调幅和调频接收机；根据对高频信号的处理方式，分为直接放大式接收机和超外差式接收机。

1）调幅接收机

直接放大式就是把接收到的高频信号直接进行放大，再送到检波器进行检波。这种接收机电路简单、成本低，但性能差，目前采用较少，在简单的收音机和某些接收距离较近、要求不严格的简易接收机中，还有一定的应用。图 1.12 是直接放大式接收机的组成框图。

图 1.12　直接放大式接收机组成框图

近代接收机大多采用超外差式。它是把接收到的高频信号放大后经过"混频器"变换成固定频率的中频信号，由中频放大器进行放大，再送到检波器去检波。这种接收机电路比较复杂，却具有良好的接收性能。图 1.13 是超外差双边带调幅小信号接收机的组成框图。

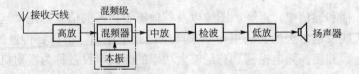

图 1.13　超外差双边带调幅小信号接收机组成框图

还有一种超外差单边带接收机，在中频放大以前同双边带调幅接收机基本上是一样的，主要差异在解调部分，增加了拍频振荡器（Beat-Frequency Oscillation，BFO），还增加了乘积检波器和自动频率控制（Automatic Frequency Control，AFC）电路，再加以自动增益控制（Automatic Gain Control，AGC）电路，以保证不失真地稳定地还原单边带信号中所包含的信息。图 1.14 是超外差单边带调幅波接收机解调组成框图。

图1.14 超外差单边带调幅波接收机解调组成框图

2) 调频接收机

图 1.15 是超外差调频收音机组成框图及其相应的波形。

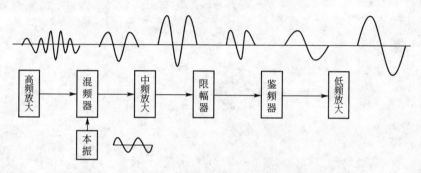

图 1.15 超外差调频收音机组成框图及其相应波形

图中除了包含有本机振荡器，混频器，中频放大器外，它与调幅收音机的差别在于多了一个限幅器，并且鉴频器代替了线性检波器。在一些功能完善的调频接收机中还加有噪声抑制电路和自动频率控制电路等。其中鉴频器是关键部分，其他几部分电路在要求不严的条件下也可省掉。另外，因为调频信号是用超短波传播的，所以高频放大和本机振荡的频率都很高。又因为调频信号的频率变化很大，一般最大可达 150～200kHz，所以中频信号比调幅收音机的高得多，一般都采用 5～11MHz，我国现在一般电视接收机伴音中频就是 6.5MHz，调频广播接收机中频为 10.7MHz，调频收音机收到调频波后，经过混频和中频放大，送到限幅器和鉴频器。鉴频器输出的音频信号加到低频放大器放大，推动扬声器发出声音。

1.3 小 结

本章主要介绍了信息、通信的含义，阐述信息与知识、消息、数据的区别；什么是信息技术和信息化；在当今无线电通信已把人类带入了信息化时代的环境下，重点述说了无线电的传播途径；各波段电波传播特性；无线通信系统的组成。

1.4 习 题

1.1 解释信息、信息技术、通信、信息化社会的含义。

1.2 信息与知识、消息、数据有什么区别？

1.3　画图说明无线电波的传播方式。

1.4　列表说明高频（HF）、甚高频（VHF）、特高频（UHF）、超高频（SHF）的频段和波长。

1.5　阐述各波段传播特性。

1.6　阐述各种信号无线通信系统的组成模型。

1.7　简述无线电发射机的基本组成，画出框图结构。

1.8　简述无线电接收机的种类，画出组成结构图。

第 2 章　高频电路基础知识

由有源器件和无源器件组成的网络统称为电子线路。电子线路的分类方法很多，按照工作频率可分为低频电子线路、高频电子线路和微波电子线路。低频通常指频率在 300kHz 以下的范围。语音的电信号、生物电信号、机械振动的电信号等都属于这个范畴。高频通常指频率在 300kHz～300MHz 的范围。广播、电视、短波通信、移动通信等无线电设备都工作在这个频率范围内。微波泛指频率高于 300MHz 以上的频率范围。

高频电路和低频电路使用的元器件基本相似，但其频率特性不同，因而分析方法也不同。高频电子线路中无源元件主要是电阻(器)、电容(器)和电感(器)。有源器件主要有晶体管、场效应管和集成电路。

选频网络是高频电子线路的重要组成部分。

2.1　高频电路中的元器件

根据元器件的参数性质，高频电子线路中的元器件分为线性元器件、非线性元器件和时变元器件。

2.1.1　高频电路中的无源器件

1. 电阻器

实际的电阻器在低频工作时主要表现为电阻特性，但在高频工作时不仅表现有电阻特性，同时还表现有电抗特性。

电阻器的电抗特性反映的就是其高频特性。在高频工作时，电阻 R 的高频等效电路如图 2.1 所示，其中，C_R 为电阻器的分布电容，L_R 为电阻器的引线电感，R 为电阻器的等效电阻值。

线性电阻的电阻值大小为定值。其数值不随外加电压(或流过其中的电流)而变化。

非线性电阻的阻值是其两端电压(或流过其中的电流)的函数。

2. 电容器

线性电容器在直流电路中相当于开路，呈现的电阻(或电抗)为无穷大。在低频电路中，电容器呈现的容抗(电抗)为 $\frac{1}{j\omega C}$(式中 $\omega = 2\pi f$，f 为工作频率)。

线性电容在高频工作时的等效电路如图 2.2 所示，其中，R_c 为电容的等效损耗电阻，

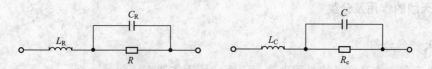

图 2.1　电阻 R 的高频等效电路　　　　图 2.2　电容的高频等效电路

主要表现为介质的损耗，L_c 为电容的引线电感。

非线性电容的电容值是其两端电压的函数，如变容二极管等器件。

3. 电感器

线性电感器在直流电路中相当于短路，呈现的电阻（或电抗）为零。在低频电路中，电感器呈现的感抗（电抗）为 $j\omega L$（式中 $\omega = 2\pi f$，f 为工作频率）。

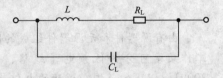

线性电感器 L 在高频工作时的等效电路如图 2.3 所示，其中，R_L 为电感的等效损耗电阻，主要表现为线圈内阻的损耗，C_L 为电感的匝间分布电容。

图 2.3　电感的高频等效电路

实际电感器多数是非线性电感，非线性电感的电感值是其两端电压（或流过其中的电流）的函数。

2.1.2　高频电路中的有源器件

1. 二极管

半导体二极管是非线性器件，在高频电子线路中应用很广泛，主要用于检波、调制、解调及混频等频率变换电路中。

2. 晶体管与场效应管

晶体管和场效应管在高频电子线路中应用也非常广泛。高频晶体管有两大类型：一类是用于高频小信号放大的高频小功率管，对其主要要求是高增益和低噪声；另一类为高频大功率管，这类晶体管在高频工作时允许有较大的管耗，但能输出较大的功率，常用于高频功率放大。

3. 集成电路

随着产品体积设计的小型化，集成电路在高频电子线路中的应用越来越普遍，高频电路中的集成电路一般分为通用型和专用型两类，它们各具特色，但都能使高频电子线路的设计简化、性能提高、体积缩小、成本降低、性价比提高。

2.2　天　　　线

在无线通信系统中，信息都是依靠无线电波来传输的，因此，需要有无线电波的辐射和接收设备。用来辐射和接收无线电波的装置称为天线。天线在各种无线通信系统中都是不可缺少的重要组成部分。

2.2.1　天线的作用及分类

1. 天线的作用

从通信系统传递信息的过程来看，天线的作用主要有：

（1）完成高频电流或导行波与空间无线电波能量之间的转换，因此，称天线为能量转换器。

（2）为了有效地完成这种能量转换，要求天线是一个良好地"电磁开放系统"，还要求天线与它的源或负载匹配。

（3）天线的选择与设计是否合理，对整个无线电通信系统的性能有很大影响。若天线的选择与设计不当，可能导致通信系统不能正常工作。因此，为了有效地利用信息能量，保证信息传递的质量，要求发射天线尽可能只向需要的方向辐射电磁波，接收天线也只接收指定方向的来波，尽量减少其他方向的干扰和噪声。人们把天线的这种辐射和接收电波能量与方向有关的性能称为天线的方向特性。不同的无线电设备对天线的方向特性要求是不同的。

（4）天线应能辐射和接收预定极化的电磁波，并应有足够的工作频率范围。

以上四项就是天线最基本的功能。尽管现在天线技术有了很大的发展，天线的功能在不断地扩大，但就其基本功能而言，仍然是按照一定的方向特性辐射和接收预定极化的无线电波。

接收天线与发射天线的作用是一个可逆的过程。同一副天线用作发射和接收的特性参数（包括方向特性、阻抗特性及其他参数）是相同的。人们可根据天线的基本功能，定义若干参数作为设计和评价天线的依据。通信技术的飞速发展对天线提出了很多新的要求，天线的功能也不断有新的突破。除了完成高频能量的转换外，人们还要求天线系统能对传递的信息进行一定的加工和处理，这就产生了信号处理天线、单脉冲天线、自适应天线和智能天线等。特别是自 1997 年以来，第三代移动通信技术逐渐成为国内外移动通信领域的研究热点，而智能天线正是实现第三代移动通信系统的关键技术之一。目前，有关天线的新技术和新应用也在不断地发展。

2. 天线的分类

天线的种类很多，主要有以下一些分类方法。

（1）按用途可将天线分为：通信天线、导航天线、广播电视天线、雷达天线和卫星天线等。

（2）按工作波长可将天线分为：超长波天线、长波天线、中波天线、短波天线、超短波天线和微波天线等。

（3）按辐射元的类型可将天线分为两大类：线天线和面天线。线天线由半径远小于波长的金属导线构成，主要用于长波、中波和短波波段；面天线由尺寸大于波长的金属或介质面构成，主要用于微波波段。这两种天线都可用于超短波波段。

（4）按天线特性分类：按方向特性可分为定向天线、全向天线、强方向性天线和弱方向性天线；按极化特性可分为线极化（垂直极化和水平极化）天线和圆极化天线；按频带特性可分为窄频带天线、宽频带天线和超宽频带天线。

（5）按馈电方式可分为：对称天线和非对称天线。

（6）按天线上的电流可分为：行波天线和驻波天线。

（7）按天线外形可分为：V 形天线、菱形天线、环行天线、螺旋天线、喇叭天线和反射面天线等。

此外，新型天线还有单脉冲天线、相控阵天线、微带天线、自适应天线、智能天线和有源天线等。

2.2.2　对称天线和单极天线

1. 对称天线

对称天线又称对称振子天线，是一种应用非常广泛且结构简单的基本线天线，它在通信、广播、雷达、导航等无线电设备中，既可作为单元天线单独使用，也可作为面天线的馈源或阵列天线的单元使用，可构成组合天线或阵列天线。其适用的频率范围很宽，包括短波、超短波和微波。

对称天线的结构如图 2.4 所示，它是由两段同样粗细且等长度的直导线构成的，在中间的两个端点对称馈电。天线每臂的长度用 l 表示。天线导线的半径用 a 表示，且 $l/a \to \infty$。通常的对称天线因为有两个臂，所以也称为双极天线或偶极天线。

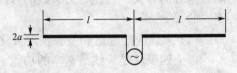

图 2.4　对称天线

在两臂中间处加上高频电势后，对称振子上就会产生高频电流，此电流就是对称振子产生电磁场的源。

研究任何天线的基本问题，就是求解它所产生的辐射场。而对称天线的辐射场决定于其上的电流分布。它在周围空间激发起的电磁场，可根据麦克斯韦方程和边界条件来严格求解。但是这样会遇到非常复杂的数学困难，因此工程中常采用近似的方法来计算。

2. 单极天线

单极天线也是一种常用的天线，与对称天线不同，单极天线只有一个臂。

单极天线又称不对称天线。在天线工程中，最常见的单极天线形式如图 2.5(a)所示，其馈源(电源)接在天线臂与大地之间。

单极天线广泛应用于长、中、短波及超短波波段的广播、移动通信或其他无线电技术设备中。

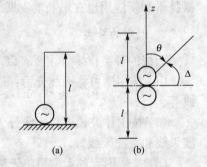

单极天线的形式较多，从长、中波的铁塔天线到超短波的鞭型天线都属于这一类型。在长波波段，单极天线的天线体常做成铁塔式结构，在中波波段常做成桅杆式结构，在短波和超短波波段常做成鞭式结构，故又称鞭天线。

图 2.5　单极天线与其镜像
(a) 单极天线　(b) 天线臂与
其镜像构成一对称振子

2.2.3　抛物面天线和微带天线

1. 抛物面天线

众所周知，光波是电磁波的一种，它频率很高，因而在研究微波天线时，人们自然会联想到在光学中所采用的方法。抛物面天线的工作原理与探照灯相类似。

抛物面天线由辐射器(通常也称为馈源)和反射抛物面两部分组成。

辐射器由一弱方向性天线，如半波振子、二元振子阵或喇叭天线等构成，安装在抛物面的焦点上，馈源把高频电流（或导波）能量转换成电磁波能量并射向抛物面，而抛物面则把馈源辐射过来的电磁波沿抛物面轴线方向反射出去，从而获得很强的方向性。

抛物面天线广泛地应用于现代微波中继通信、卫星（通信）地面站、雷达、制导、射电天文等领域。

抛物面有三种基本形式：螺旋抛物面、柱形抛物面和切割抛物面。螺旋抛物面天线是由抛物线旋转而成的，柱形抛物面是由抛物线平移而成的，切割抛物线是截取旋转抛物面的一部分而构成的。

旋转抛物面天线是微波波段广泛应用的一种反射面天线。这些天线的反射面均由金属良导体，或由在某种介质上镀上导电金属，或由导电栅网构成。由于馈源发出的球面波（或柱面波）经抛物面表面反射后在抛物面口面上产生的场总是相同的，因此可以根据需要任意加大口面的尺寸获得要求的尖锐的强方向性。

2. 微带天线

微带天线是近年来逐渐发展起来的一种新型天线。其理论分析无论是在深度还是在广度上都趋于成熟，其应用范围也日趋广泛。各种形状的微带天线已在移动通信、卫星通信、多普勒雷达及其他雷达导弹遥测技术以及生物工程等领域得到了广泛应用。

微带天线的结构及主要特点：

微带天线是由一块厚度远小于波长的介质板（称为介质基板）和（用印制电路或微波集成技术）覆盖在它的两面的金属面构成。其中完全覆盖介质板一面的称为接地板，而尺寸可以和波长相比拟的另一面称为辐射元，如图2.6所示。辐射元的形状可以是方形、矩形、圆形和椭圆形等等。

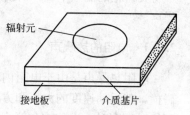

图 2.6 微带天线的结构

微带天线的馈电方式分为两种，如图 2.7 所示。一种是用微带传输线馈电，又称侧面馈电，也就是馈电网络与辐射元刻制在同一表面。另一种是用同轴电缆馈电，就是用同轴电缆的外导体直接与接地板相接，内导体穿过接地板和介质基片与辐射元相接。适当选择馈入点，可使天线与馈线匹配。这种馈电方式又称为底馈。

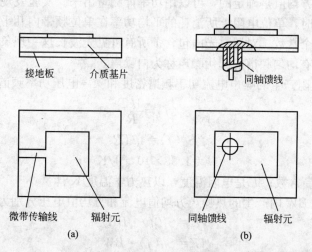

图 2.7 微带天线的馈电方式

微带天线近年来越来越受到人们的重视，因为它具有很多其他天线所没有的特点：可方便地实现线极化或圆极化以及双频率工作；体积小，质量小，价格低，尤其具有很小的剖面高度，易于附着于任何金属物体表面，最适用于某些高速运行的物体，如飞机，火箭，导弹等；容易和有源器件、微波电路集成为统一的组件，因而适合大规模生产。在现代通信中，微带天线广泛地应用于 100MHz～50GHz 的频率范围。

2.3　放大电路内部噪声的来源和特点

噪声就是在信号处理过程中所遇到的无用干扰信号。人们收听广播时，常常会听到"沙沙"声；观看电视时，常常会看到"雪花"似的背景或波纹线，这些都是接收机中存在噪声的结果。

噪声对有用信号的接收产生了干扰，特别是当有用信号较弱时，噪声的影响就更为突出，严重时会使有用信号淹没在噪声之中而无法接收到。

噪声的种类很多，有的噪声是从器件外部串扰进来的，称为外部噪声，例如 6.4.2 节中将要讨论的混频干扰；有的噪声是器件内部产生的，称为内部噪声。本小节只介绍内部噪声。

2.3.1　电阻的热噪声

电阻热噪声是由于电阻内部自由电子的热运动而产生的。在运动中自由电子经常相互碰撞，其运动速度的大小和方向都是不规则的，温度越高，运动越剧烈，只有当温度下降到绝对零度时，运动才会停止。自由电子的这种热运动在导体内形成非常微弱的电流，这种电流呈杂乱起伏的状态，称为起伏噪声电流。起伏噪声电流经过电阻本身就会在其两端产生起伏噪声电压。

由于起伏噪声电压的变化是不规则的，其瞬时振幅和瞬时相位是随机的，因此无法计算其瞬时值。起伏噪声电压的平均值为零，噪声电压正是不规则地偏离此平均值而起伏变化的。起伏噪声的方均值是确定的，可以用功率计测量出来。实验发现，在整个无线电频段内，当温度一定时，单位电阻上所消耗的平均功率在单位频带内几乎是一个常数，即其功率频谱密度是一个常数。对照白光内包含了所有可见光波长这一现象，人们把这种在整个无线电频段内具有均匀频谱的起伏噪声称为白噪声。

阻值为 R 的电阻产生的噪声电流功率频谱密度和噪声电压功率频谱密度分别为

$$S_I(f) = \frac{4kT}{R} \tag{2-3-1}$$

$$S_U(f) = 4kTR \tag{2-3-2}$$

$$k = 1.38 \times 10^{-23} \text{J/K} \tag{2-3-3}$$

式中，k 是玻耳兹曼常数；T 是电阻温度，以热力学温度 K 计量。

在频带宽度为 BW 内产生的热噪声方均值电流和方均值电压分别为

$$I_n^2 = S_I(f) \cdot BW \tag{2-3-4}$$

$$U_n^2 = S_U(f) \cdot BW \tag{2-3-5}$$

所以，一个实际电阻可以分别用噪声电流源和噪声电压源表示，如图 2.8 所示。

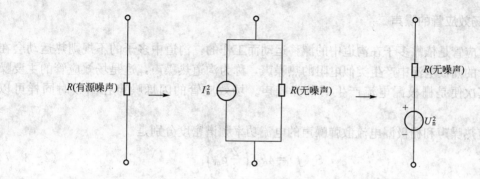

图 2.8 电阻热噪声等效电路

理想电抗元件是不会产生噪声的，但实际电抗元件是有损耗电阻的，这些损耗电阻会产生噪声。对于实际电感的损耗电阻一般不能忽略，而对于实际电容的损耗电阻一般可以忽略。

2.3.2 晶体三极管的噪声

晶体管（三极管）噪声主要包括以下四部分。

1. 热噪声

构成晶体管的发射区、基区、集电区的体电阻和引线电阻均会产生热噪声，其中以基区体电阻 $r_{bb'}$ 的影响为主。

2. 散弹噪声

散弹噪声是晶体管的主要噪声源。它是由单位时间内通过 PN 结的载流子数目随机起伏而造成的。人们将这种现象比拟为靶场上大量射击时弹着点对靶中心的偏离，故称为散弹噪声。在本质上它与电阻热噪声类似，属于均匀频谱的白噪声，其电流功率频谱密度为

$$S_I(f) = 2qI_o \tag{2-3-6}$$

式中，I_o 是通过 PN 结的平均电流值；q 是每个载流子的电荷量，$q = 1.59 \times 10^{-19} C$（库仑）。

注意，在 $I_o = 0$ 时，散弹噪声为零，但是只要不是零开，热噪声总是存在的。这是二者的区别。

3. 分配噪声

在晶体管中，通过发射结的非平衡载流子大部分到达集电结，形成集电极电流，而小部分在基区内复合，形成基极电流。这两部分电流的分配比例是随机的，从而造成集电极电流在静态值上下起伏变化，产生噪声，这就是分配噪声。

分配噪声实际上也是一种散弹噪声，但其功率频谱密度是随频率变化的，频率越高，噪声越大。其功率频谱密度也可近似按式（2-3-6）计算。

4. 闪烁噪声

产生这种噪声的机理目前还不甚明了，一般认为是由于晶体管表面清洁处理不好或有缺陷造成的，其特点是频谱集中在 1kHz 以下的低频范围，且功率频谱密度随频率降低而增大。在高频工作时，可以忽略闪烁噪声。

2.3.3　场效应管的噪声

场效应管是依靠多子在沟道中的漂移运动而工作的，沟道中多子的不规则热运动会在场效应管的漏极电流中产生类似电阻的热噪声，称为沟道热噪声，这是场效应管的主要噪声源。其次便是栅极漏电流产生的散弹噪声。场效应管的闪烁噪声在高频时同样可以忽略。

沟道热噪声和栅极漏电流散弹噪声的电流功率频谱密度分别是

$$S_I(f) = 4kT\left(\frac{2}{3}g_m\right) \tag{2-3-7}$$

$$S_I(f) = 2qI_g \tag{2-3-8}$$

式中，g_m 是场效应管的跨导；I_g 是栅极漏电流。

2.4　噪　声　系　数

2.4.1　噪声系数的定义

实际电路的输入信号通常混有噪声。为了说明信号的质量，可以用信号功率 S 与其相混的噪声功率 N 之比（即 S/N）来衡量，并称比值 S/N 为信噪比。显然，信噪比越大，信号的质量越好。当信号通过无噪声的理想线性电路时，其输出的信噪比等于输入的信噪比。若电路中含有有噪元件，由于信号通过时附加了电路的噪声功率，故输出的信噪比小于输入的信噪比，使输出信号的质量变坏。由此可见，通过输出信噪比相对输入信噪比的变化，可以确切地反映电路在传输信号时的噪声性能。噪声系数指标正是从这一角度引出的。

线性电路的噪声系数 N_F 定义为：在标准信号源激励下，输入端的信噪比 S_i/N_i 与输出端的信噪比 S_o/N_o 的比值，即

$$N_F = \frac{S_i/N_i}{S_o/N_o} \tag{2-4-1}$$

上述定义中标准信号源是指输入端仅接有信号源及其内阻 R_s，并规定该内阻 R_s 在温度 $T = 290K$ 时所产生的热噪声为输入端的噪声源。

2.4.2　噪声系数的表示

噪声系数通常也用 dB 表示，其定义为

$$N_F = 10\lg\frac{S_i/N_i}{S_o/N_o} \tag{2-4-2}$$

对于无噪声的理想电路，$N_F = 0$dB；有噪声的电路，其 dB 值为某一正数。

式(2-4-2)还可以表示为以下形式：

$$N_F = \frac{N_o}{\dfrac{S_o}{S_i}N_i} = \frac{N_o}{K_p N_i} \tag{2-4-3}$$

式中，$K_p = S_o/S_i$，为功率增益。式(2-4-3)说明，噪声系数等于输出端的噪声功率与输

入噪声在输出端产生的噪声功率（$K_p N_i$）的比值，而与输入信号的大小无关。事实上，电路输出端的噪声功率包括两部分，即 $K_p N_i$ 和电路内部噪声在输出端产生的噪声功率 ΔN。因此，噪声系数也可表示为

$$N_F = \frac{N_o}{K_p N_i} = \frac{K_p N_i + \Delta N}{K_p N_i} = 1 + \frac{\Delta N}{K_p N_i} \qquad (2-4-4)$$

式（2-4-2）、式（2-4-3）、式（2-4-4）是噪声系数的三种相互等效的表示式。在计算噪声系数时，可以根据具体情况，采用相应的公式。

应该指出，噪声系数只适用于线性电路。由于非线性电路的信噪比会随输入端信号和噪声的大小而变化，故不能反映电路本身附加噪声的性能。因此，噪声系数对非线性电路不适用。

2.5　小　　结

（1）高频电子线路中常用无源器件有电阻、电容、电感等，有源器件为二极管、晶体管、场效应管、集成电路等，在对高频电子线路进行特性分析时，要考虑器件的分布参数对整个电路产生的影响。

（2）天线在各种无线通信系统中都是不可缺少的重要组成部分。天线的种类很多，在实际使用中，应根据信号特点及使用要求来设计或选取天线。

（3）噪声就是在信号处理过程中所遇到的无用干扰信号。电阻热噪声是由于电阻内部自由电子的热运动而产生的。晶体管噪声主要包括四部分：热噪声、散弹噪声、分配噪声和闪烁噪声。场效应管的噪声主要有沟道中多子的不规则热运动在场效应管的漏极电流中产生类似电阻的热噪声、栅极漏电流产生的散弹噪声、表面处理不当引起的闪烁噪声。一般来说，场效应管的噪声比晶体管的噪声低。

2.6　习　　题

2.1　高频电子线路中的元件特性是什么？

2.2　天线的作用是什么？

2.3　噪声的来源有几种？

2.4　什么是信噪比？

2.5　噪声系数是如何定义的？

第 3 章 高频小信号放大器

高频小信号放大器是在发射机或接收机中常用的放大电路，是对高频小信号进行选频放大，其主要技术指标有增益、带宽、选择性等。另外设计高频小信号放大器时，稳定性也是必须考虑的一个问题。按频带来分，高频小信号放大器可分为窄带高频小信号放大器和宽带高频小信号放大器两种。

3.1 概　　述

高频小信号放大器广泛用于广播、电视、通信、雷达等接收设备中，其主要功能是从所接收的众多电信号中，选出有用信号并加以放大，而对其他无用信号、干扰与噪声进行抑制，以提高信号的质量和抗干扰能力。高频小信号放大器是指放大高频小信号（中心频率在几百千赫到几百兆赫，频谱宽度在几千赫到几十兆赫，振幅在微伏至毫伏量级的范围内）的放大器。因此，高频小信号放大器不但需要有一定的增益，而且需要有选频能力。前者由双极型晶体管（以下简称晶体管）、场效应管或集成电路等有源器件提供，后者由 LC 谐振回路、陶瓷滤波器、石英晶体滤波器和声表面波滤波器等选频器件实现。高频小信号放大器也广泛用于其他电子设备中，如测量仪器、家用电器等。

3.2 高频小信号放大器的功能

3.2.1 高频小信号放大器的分类

高频小信号放大器主要有两类：一类是以谐振回路为负载的谐振放大器；另一类是以集中选择性滤波器为负载的集中选频放大器。谐振放大器常以晶体管等放大器件与 LC 并联谐振回路或耦合谐振回路构成，它又可分为调谐放大器（通称高频放大器）和频带放大器（通称中频放大器），前者的谐振回路需对外来不同的信号频率进行调谐，后者的谐振回路谐振频率固定不变。集中选频放大器是把放大和选频两种功能分开处理，放大作用由多级非谐振宽频带放大器承担，目前一般都采用集中宽频带放大器。集中选择性滤波器常用的有 LC 带通滤波器、晶体滤波器、陶瓷滤波器和声表面波滤波器等，这些滤波器都可作为部件在专业工厂生产。因此，采用集中选频放大器线路简单、性能可靠、调整方便。

小信号条件下工作的高频放大器，由于信号电压、电流幅度都很小，放大器件运用在甲类工作状态，放大电路可看作有源线性电路，因而可采用小信号等效电路来进行分析。由于高频小信号放大器的负载具有谐振特性，故采用导纳 Y 参数电路进行分析比较方便。

3.2.2　高频小信号放大器的主要性能指标

高频小信号放大器的主要性能指标有谐振增益、通频带和选择性等。其典型幅频特性曲线如图 3.1 所示，图中 f_0 为有用信号的中心频率，即放大器的谐振频率。由图 3.1 可说明放大器主要性能指标的含义如下：

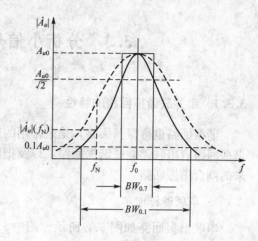

图 3.1　高频小信号放大器的典型幅频特性曲线

谐振增益是指放大器在谐振频率上的电压增益 A_{u0}（或功率增益），其值可用分贝（dB）数表示。它用来说明放大器对有用信号的放大能力，一般希望每级的增益越大越好。

通频带是指放大器的增益比谐振增益下降 3dB（即 A_u 下降到 A_{u0} 的 $1/\sqrt{2}$）时，所对应的频率范围，用 $BW_{0.7}$ 表示，如图 3.1 所示。为了不失真地放大有用信号，$BW_{0.7}$ 应大于有用信号的频谱宽度。

选择性是指放大器从含有各种不同频率信号的总和中，选出有用信号排除干扰信号的能力。它定义为通频带以外某一特定频率上的增益 $A_u(f_N)$ 与谐振增益 A_{u0} 之比值，用 S 表示，即

$$S = \frac{A_u(f_N)}{A_{u0}} \tag{3-2-1}$$

显然，S 越小选择性就越好。

实际上，通频带与选择性是相互制约的。一般情况下，通频带越宽，对特定频率干扰的选择性就越差，图 3.1 中虚线所示幅频特性曲线的通频带比实线所示通频带宽，但 $f = f_N$ 时的 S 比较大。为了解决这个矛盾，应尽量使放大器的幅频特性曲线接近理想矩形，并使矩形的宽度等于通频带，如图 3.1 所示，这样通频带与选择性才能同时达到理想的要求。因此，为了统一表示通频带和选择性的要求、说明实际幅频特性曲线接近矩形的程度，常引用"矩形系数"这一参数。它定义为放大器的电压增益下降到谐振增益的 0.1（或 0.01）时，相应的频带宽度 $BW_{0.1}$（或 $BW_{0.01}$）与放大器通频带 $BW_{0.7}$ 之比，即

或

$$\left. \begin{array}{l} K_{0.1} = \dfrac{BW_{0.1}}{BW_{0.7}} \\[2mm] K_{0.01} = \dfrac{BW_{0.01}}{BW_{0.7}} \end{array} \right\} \tag{3-2-2}$$

由图 3.1 可见，矩形系数越接近于 1，则放大器的实际幅频特性曲线越接近于矩形，放大器在满足通频带要求下的选择性也就越好。

除了上述三个主要性能指标外，高频小信号放大器还有噪声系数等性能指标。因为进入接收设备输入端的信号，除了有用信号外，还包含各种干扰和噪声，而且放大器本身也会产生噪声。噪声对系统的传输能力，特别是处理弱信号的能力，将产生极为不利的影响。

由于 LC 谐振回路为高频放大器的组成部分，其特性将直接影响到放大器性能的好坏，同时 LC 谐振回路在以后各章，如谐振功率放大器、调制、变频等电路中，也都起着重要的作用。因此，首先对谐振回路的基本特性进行分析。

3.3　分析小信号放大器的有关知识

3.3.1　串并联谐振回路的特性

谐振回路也称振荡回路，是最常用的选频网络，它由电感线圈和电容器组成。简单的谐振回路有串联、并联谐振回路，以及把两个或更多个串、并联谐振回路相互耦合连接起来的耦合谐振回路。

　1. 串联谐振回路

串联谐振回路如图 3.2 所示。图中 r 表示 L 和 C 的总损耗电阻，实际上，由于电容损耗比电感线圈的损耗小很多，所以 r 近似等于线圈的损耗电阻。

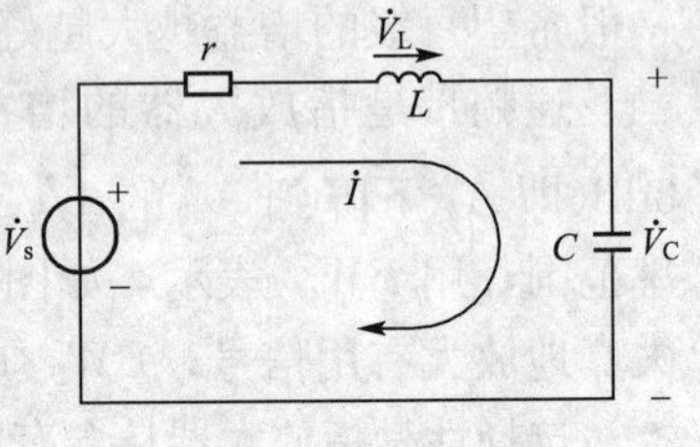

串联谐振回路的总阻抗为

$$Z = r + \mathrm{j}\left(\omega L - \frac{1}{\omega C}\right) \qquad (3-3-1)$$

图 3.2　串联谐振回路

在某一频率上，回路的感抗与容抗相等时，回路的总阻抗 $Z = r$ 最小，此时电流与电压同相，回路发生串联谐振，由此可得串联谐振频率为

$$\omega_0 = \frac{1}{\sqrt{LC}} \quad 或 \quad f_0 = \frac{1}{2\pi\sqrt{LC}} \qquad (3-3-2)$$

谐振时容抗与感抗数值相等，通常称它们为回路的特性阻抗，以 ρ 表示，即

$$\rho = \omega_0 L = \frac{1}{\omega_0 C} = \sqrt{\frac{L}{C}} \qquad (3-3-3)$$

回路的特性阻抗与回路固有损耗电阻的比值，称为回路的固有品质因数，用 Q_0 表示，即

$$Q_0 = \frac{\omega_0 L}{r} = \frac{1}{\omega_0 Cr} = \frac{\sqrt{\dfrac{L}{C}}}{r} \qquad (3-3-4)$$

Q_0 越大，说明回路电抗元件储能越大而损耗的能量越小。用 Q_0 表示的回路的选择性（也称为谐振曲线方程）为

$$S = \frac{1}{\sqrt{1 + Q_0^2\left(\dfrac{\omega}{\omega_0} - \dfrac{\omega_0}{\omega}\right)^2}} \qquad (3-3-5)$$

它表示当回路调谐不变，信号源频率改变时，谐振回路电流的相对幅值变化规律。通常 S 还可近似为

$$S \approx \frac{1}{\sqrt{1 + Q_0^2\left(\dfrac{2\Delta\omega}{\omega_0}\right)^2}} = \frac{1}{\sqrt{1 + Q_0^2\left(\dfrac{2\Delta f}{f_0}\right)^2}} \qquad (3-3-6)$$

式中，$\Delta f = f - f_0$，称回路的绝对失调量，即信号源频率偏离回路谐振频率的绝对值。回路的相频特性也可近似为

$$\varphi \approx \arctan Q_0 \frac{2\Delta f}{f_0} \tag{3-3-7}$$

于是可绘出串联谐振回路在不同 Q_0 值上的谐振曲线和移相曲线，如图 3.3 所示。由图可见，Q_0 值越大，谐振曲线越尖锐，移相特性越陡峭；Q_0 值越小，曲线就越平坦。

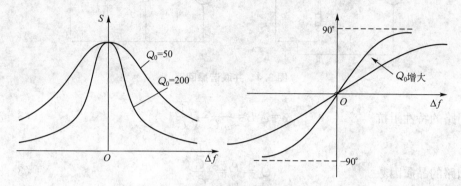

图 3.3　谐振曲线和移相曲线

当占有一定频带的信号在串联回路中传输时，由于谐振曲线的不均匀性，输出的电流或电压便不可避免地产生频率失真。为了限制谐振回路频率失真的大小而规定了谐振回路的通频带。当 S 值由最大值 1 下降到 $0.707(=1/\sqrt{2})$ 时，所确定的频带宽度 $2\Delta f$ 就是回路的通频带 $BW_{0.7}$，则可求得串联回路的通频带为

$$BW_{0.7} = \frac{f_0}{Q_0} \tag{3-3-8}$$

式（3-3-8）说明，回路 Q_0 值越高，谐振曲线越尖锐，通频带越窄；回路谐振频率越高，通频带越宽。

由于谐振回路具有谐振特性，所以它具有选择信号的能力，谐振回路的谐振频率应调谐在所需信号的中心频率上。回路的谐振曲线越尖锐，对无用信号的抑制作用越强，选择性就越好。

从以上讨论可以看出，对于同一个回路，加宽频带和改善选择性是相互矛盾的，所以，人们希望谐振回路的谐振曲线应具有理想的矩形形状。为了说明实际谐振曲线接近矩形的程度，可用矩形系数来表示。串联谐振回路的矩形系数为

$$K_{0.1} = \frac{10f_0/Q_0}{f_0/Q_0} = 10 \tag{3-3-9}$$

这说明串联谐振回路的谐振曲线和矩形相差较远，所以，选择性比较差。

2. 并联谐振回路

LC 并联谐振回路如图 3.4 所示。图中 r 代表线圈 L 的等效损耗电阻，由于电容器的损耗很小，其损耗电阻可以略去。下面按照与串联 LC 回路的对偶关系，直接给出并联 LC 回路的主要基本参数。

回路的总导纳为　　　　　　$$Y = G_0 + j\left(\omega C - \frac{1}{\omega L}\right) \tag{3-3-10}$$

回路的谐振频率　　　$$\omega_0 = \frac{1}{\sqrt{LC}} \quad \text{或} \quad f_0 = \frac{1}{2\pi\sqrt{LC}} \tag{3-3-11}$$

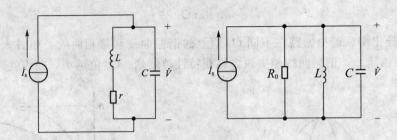

图 3.4　并联谐振回路

回路的特性阻抗　　　　$\rho = \omega_0 L = \dfrac{1}{\omega_0 C} = \sqrt{\dfrac{L}{C}}$　　　　(3-3-12)

回路的品质因数　　　　$Q_0 = \dfrac{\rho}{r} = \dfrac{\sqrt{\dfrac{L}{C}}}{r}$　　　　(3-3-13)

式中，$G_0 = \dfrac{1}{R_0} = \dfrac{Cr}{L}$，$R_0$ 称为并联回路的谐振电阻，G_0 称为并联回路的谐振电导。

同样，可得出并联回路的谐振曲线和移相曲线如图 3.5 所示。

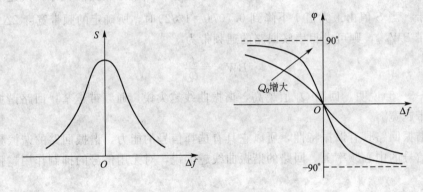

图 3.5　谐振曲线和移相曲线

3. 串并联谐振回路的特性比较

串并联谐振回路的特性比较如表 3-1 所示。

表 3-1　串并联谐振回路的特性比较

回路类型	串联回路	并联回路
电路形式	(a)	(b)
阻抗或导纳	$Z = r + \mathrm{j}\left(\omega L - \dfrac{1}{\omega C}\right)$	$Y = G_0 + \mathrm{j}\left(\omega C - \dfrac{1}{\omega L}\right)$

（续）

回 路 类 型		串 联 回 路	并 联 回 路
谐振频率		$\omega_0 = 1/\sqrt{LC}$	$\omega_0 = 1/\sqrt{LC}$
品质因数 Q		$\dfrac{\omega_0 L}{r} = \dfrac{1}{\omega_0 Cr} = \dfrac{1}{r}\sqrt{\dfrac{L}{C}}$	$\dfrac{R_0}{\omega_0 L} = \omega_0 CR_0 = \dfrac{1}{G_0}\sqrt{\dfrac{C}{L}}$
谐振电阻		$r = \dfrac{1}{Q}\sqrt{\dfrac{L}{C}}$	$R_0 = Q\sqrt{\dfrac{L}{C}}$
阻抗	$f < f_0$	容抗	感抗
	$f > f_0$	感抗	容抗

4. 串并联阻抗的等效互换

由图 3.6 的等效互换电路可知：

$$r_1 + jX_1 = \frac{R_2 jX_2}{R_1 + jX_2} = \frac{X_2^2}{R_2^2 + X_2^2}R_2 + j\frac{R_2^2}{R_2^2 + X_2^2}X_2 \qquad (3-3-14)$$

得

$$r_1 = \frac{R_2 X_2^2}{R_2^2 + X_2^2} \quad X_1 = \frac{R_2^2 X_2}{R_2^2 + X_2^2} \qquad (3-3-15)$$

定义品质因数为

$$Q_1 = \frac{X_1}{r_1}$$

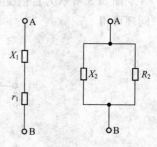

图 3.6　等效互换电路

代入上式得

$$Q_1 = \frac{X_1}{r_1} = \frac{R_2}{X_2} = Q_2$$

若回路品质因数较高，由式（3-3-15）可得

$$R_2 = (Q^2 + 1)r_1 \approx Q^2 r_1 \qquad (3-3-16)$$

$$X_2 = (1 + 1/Q^2)X_1 \qquad (3-3-17)$$

结论：高 Q 串联电路转换为并联电路后，R_2 为串联电路 r_1 的 Q^2 倍，而 X_2 与串联电路 X_1 基本保持不变。

5. 并联谐振回路的耦合连接与接入系数

并联谐振回路作为放大器的负载时，其连接的方式直接影响放大器的性能。一般看来因为晶体管的输出阻抗低，直接接入是不适用的，会降低谐振回路的品质因数 Q。通常，多采用部分接入方式，以完成阻抗变换。

定义：接入系数 p 为转换前的圈数（或容抗）与转换后的圈数（或容抗）的比值。由此定义分别可得

1）变压器耦合连接的变比关系

变压器耦合连接的变换图如图 3.7 所示。

根据功率关系 $P_2 = U_2^2/R_L$、$P_1 = U_1^2/R_L'$，可得

$$R_L' = \left(\frac{U_1}{U_2}\right)^2 R_2 \qquad (3-3-18)$$

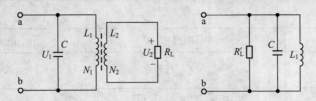

图 3.7　变压器耦合连接的变换图

根据变压器的电压变换关系，即 $U_1/U_2 = N_1/N_2$，可得

$$R'_L = \left(\frac{N_1}{N_2}\right)^2 R_L \qquad (3-3-19)$$

2）自耦变压器耦合连接的变比关系

图 3.8 所示为自耦变压器耦合连接的变换图，其变比关系的分析与变压器耦合相同。同理可得

$$R'_L = \left(\frac{N_1 + N_2}{N_2}\right)^2 R_L \qquad (3-3-20)$$

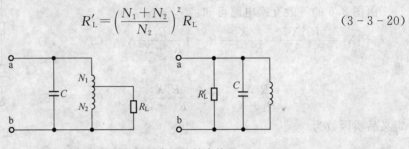

图 3.8　自耦变压器耦合连接的变换图

3）双电容分压耦合连接的变比关系

图 3.9 所示为双电容分压耦合连接的变换图，其变比关系可以应用串并联等效互换的关系求得，首先将 R_L 与 C_2 组成的并联支路等效为串联支路。其中 C_2 不变，电阻 R_{LS} 为

$$R_{LS} = \frac{1}{Q_{C_2}^2} R_L = \frac{1}{(\omega_0 C_2 R_L)^2} R_L = \frac{1}{\omega_0^2 C_2^2 R_L}$$

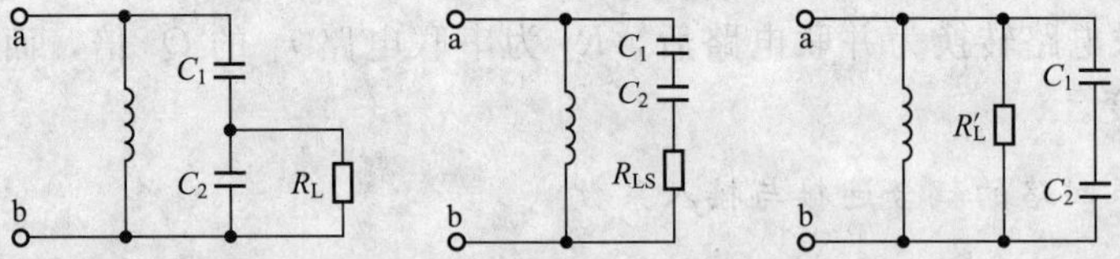

图 3.9　双电容分压耦合连接的变换图

再将 R_{LS}、C_1、C_2 组成的串联支路等效为并联支路。而电阻

$$R'_L = Q_e^2 R_{LS} = \left(\frac{1}{\omega_0 C R_{LS}}\right)^2 R_{LS} = \frac{1}{\omega_0^2 C^2 R_{LS}} = \frac{C_2^2}{C^2} R_L$$

又因为 $C = \dfrac{C_1 C_2}{C_1 + C_2}$ ，所以

$$R'_L = \left(\frac{C_1 + C_2}{C_1}\right)^2 R_L \qquad (3-3-21)$$

上面以电阻 R_L 的等效变换推导了各种连接形式的变比关系，可以得到电阻转换通式为

$$R'_L = \frac{1}{p^2} R_L \qquad\qquad (3-3-22)$$

为了以后分析电路时运用方便，可将上述变化关系推广到电导、电抗、电流和电压源的等效变比关系上去，可得

$$g'_L = p^2 g_L; \quad X'_L = \frac{1}{p^2} X_L; \quad C'_L = p^2 C_L; \quad I'_S = PI_S; \quad U'_S = \frac{1}{p} U_S \qquad (3-3-23)$$

利用式(3-3-23)可以很方便地进行各种变换，这对以后分析电路是非常有用的。

3.3.2　双口网络的 Y 参数

在高频时，晶体管的电抗效应不容忽视，因此，在分析高频小信号且通频带较窄的窄带谐振放大器时，采用 Y 参数等效电路比较方便。图 3.10 是双口网络示意图。

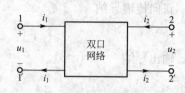

图 3.10　双口网络

双口网络即具有两个端口的网络。所谓端口是指一对端钮，流入其中一个端钮的电流总是等于流出另一个端钮的电流。而四端网络虽然其外部结构与双口网络相同，但对流入、流出电流没有类似的规定，这是两者的区别。

对于双口网络，在其每一个端口都只有一个电流变量和一个电压变量，因此共有四个端口变量。如设其中任意两个为自变量，其余两个为应变量，则共有六种组合方式，也就是说有六组可能的方程用以表明双口网络端口变量之间的相互关系。Y 参数方程就是其中的一组。它是选取各端口的电压为自变量，电流为应变量，其方程如下：

$$\left.\begin{array}{l} \dot{I}_1 = y_{11} \dot{U}_1 + y_{12} \dot{U}_2 \\ \dot{I}_2 = y_{21} \dot{U}_1 + y_{22} \dot{U}_2 \end{array}\right\} \qquad (3-3-24)$$

式中 y_{11}、y_{12}、y_{21}、y_{22} 四个参数均具有导纳量纲，且

$$y_{11} = \left.\frac{\dot{I}_1}{\dot{U}_1}\right|_{\dot{U}_2=0} \qquad y_{12} = \left.\frac{\dot{I}_1}{\dot{U}_2}\right|_{\dot{U}_1=0}$$

$$(3-3-25)$$

$$y_{21} = \left.\frac{\dot{I}_2}{\dot{U}_1}\right|_{\dot{U}_2=0} \qquad y_{22} = \left.\frac{\dot{I}_2}{\dot{U}_2}\right|_{\dot{U}_1=0}$$

所以 Y 参数又称为短路导纳参数，即确定这四个参数时必须使某一个端口电压为零，也就是使该端口交流短路。

现以共发射极接法的晶体管为例，将其看作一个双口网络，如图 3.11 所示，相应的 Y 参数方程为

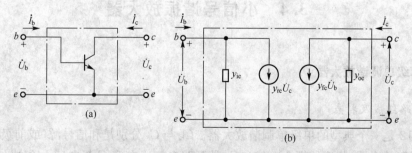

图 3.11　晶体管共发射极 Y 参数等效电路

$$\left.\begin{array}{l} \dot{I}_{b} = y_{ie}\dot{U}_{b} + y_{re}\dot{U}_{c} \\ \dot{I}_{c} = y_{fe}\dot{U}_{b} + y_{oe}\dot{U}_{c} \end{array}\right\} \qquad (3-3-26)$$

式中，输入导纳

$$y_{ie} = \frac{\dot{I}_{b}}{\dot{U}_{b}}\bigg|_{\dot{U}_{c}=0}$$

反向传输导纳

$$y_{re} = \frac{\dot{I}_{b}}{\dot{U}_{c}}\bigg|_{\dot{U}_{b}=0}$$

$(3-3-27)$

正向传输导纳

$$y_{fe} = \frac{\dot{I}_{c}}{\dot{U}_{b}}\bigg|_{\dot{U}_{c}=0}$$

输出导纳

$$y_{oe} = \frac{\dot{I}_{c}}{\dot{U}_{c}}\bigg|_{\dot{U}_{b}=0}$$

　　图中受控电流源 $y_{re}\dot{U}_{c}$ 表示输出电压对输入电流的控制作用（反向控制）；$y_{fe}\dot{U}_{b}$ 表示输入电压对输出电流的控制作用（正向控制）。y_{fe} 越大，表示晶体管的放大能力越强；y_{re} 越大，表示晶体管的内部反馈越强。y_{re} 的存在，给实际工作带来很大危害，是调谐放大器自激的根源，同时也使分析过程变得复杂，因此应尽可能使其减小，或削弱它的影响。

　　晶体管的 Y 参数可以通过测量得到。根据 Y 参数方程，分别使输出端或输入端交流短路，在另一端加上直流偏压和交流信号，然后测量其输入端或输出端的交流电压和交流电流，代入式(3-3-27)中就可求得。通过查阅晶体管手册也可得到各种型号晶体管的 Y 参数。

　　需要注意的是，Y 参数不仅与静态工作点的电压值、电流值有关，而且是工作频率的函数。例如当发射极电流 I_{e} 增加时，输入与输出电导都将加大。当工作频率较低时，电容效应的影响逐渐减弱。所以无论是测量还是查阅晶体管手册，都应注意工作条件和工作频率。

　　显然，在高频工作时由于晶体管结电容不可忽略，Y 参数是一个复数。晶体管 Y 参数中输入导纳和输出导纳通常可写成用电导和电容表示的直角坐标形式，而正向传输导纳和反向传输导纳通常可写成极坐标形式，即

$$\left.\begin{array}{ll} y_{ie} = g_{ie} + j\omega C_{ie} & y_{oe} = g_{oe} + j\omega C_{oe} \\ y_{fe} = |y_{fe}| \angle \varphi_{fe} & y_{re} = |y_{re}| \angle \varphi_{re} \end{array}\right\} \qquad (3-3-28)$$

3.4　小信号谐振放大器

3.4.1　单级单调谐放大器

1. 电路组成及特点

　　图 3.12 是一个典型的单级单调谐放大器。C_{b} 与 C_{c} 分别是和信号源（或前级放大器）与负载（或后级放大器）相连的耦合电容，C_{e} 是旁路电容。电容 C 与电感 L 组成的并联谐振

回路作为晶体管的集电极负载,其谐振频率应调谐在输入有用信号的中心频率上。回路与本级晶体管的耦合采用自耦变压器耦合方式,这样可减弱晶体管输出导纳对回路的影响。负载(或下级放大器)与回路的耦合采用自耦变压器耦合和电容耦合方式,这样,既可减弱负载(或下级放大器)导纳对回路的影响,又可使前、后级的直流供电电路分开。另外,采用上述耦合方式也比较容易实现前、后级之间的阻抗匹配。

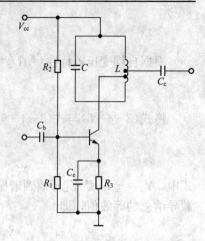

2. 电路性能分析

为了分析单级单调谐放大器的电压增益,图 3.13 给出了其等效电路。其中晶体管部分采用了 Y 参数等效电路,并忽略了反向传输导纳 y_{re} 的影响。输入信号源用

图 3.12　单级单调谐放大电路

电流源 $\dot{I}_s$ 并联源导纳 Y_s 表示,负载假定为另一级相同的单调谐放大器,所以用晶体管输入导纳 y_{ie} 表示。

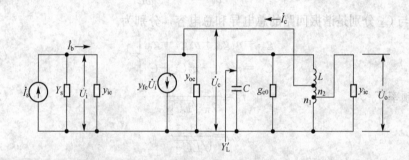

图 3.13　单级单调谐放大器的等效电路

单级单调谐放大器的电压增益为

$$\dot{A}_u = \frac{\dot{U}_o}{\dot{U}_i} \tag{3-4-1}$$

下面先求 $\dot{U}_c$ 与 $\dot{U}_i$ 的关系式,然后求出 $\dot{U}_c$ 与 $\dot{U}_o$ 的关系,于是可导出 $\dot{U}_o$ 与 $\dot{U}_i$ 之比,即电压增益 $\dot{A}_u$。因为负载的接入系数为 n_2,晶体管的接入系数为 n_1,所以负载等效到回路两端的导纳为 $n_2^2 y_{ie}$。

设从集电极和发射极向右看的回路导纳为 Y'_L,则

$$Y'_L = \frac{1}{n_1^2}\left(g_{eo} + j\omega C + \frac{1}{j\omega L} + n_2^2 y_{ie}\right) \tag{3-4-2}$$

由于 $\dot{U}_c$ 是 Y'_L 上的电压,且 $\dot{U}_c$ 与 $\dot{I}_c$ 相位相反,所以

$$\dot{I}_c = -\dot{U}_c Y'_L \tag{3-4-3}$$

由 Y 参数方程式(3-3-26)可知:

$$\dot{I}_c = y_{fe}\dot{U}_i + y_{oe}\dot{U}_c \tag{3-4-4}$$

代入式(3-4-3)可得

$$\dot{U}_i = -\frac{y_{oe} + Y_L'}{y_{fe}} \dot{U}_c \tag{3-4-5}$$

根据自耦变压器特性 $\dot{U}_c/\dot{U}_p = n_1$, $\dot{U}_o/\dot{U}_p = n_2$，因此

$$\dot{U}_o = \frac{n_2}{n_1} \dot{U}_c \tag{3-4-6}$$

将式(3-4-5)与式(3-4-6)代入式(3-4-1)，可得

$$\dot{A}_u = \frac{\dot{U}_o}{\dot{U}_i} = -\frac{n_1 n_2 y_{fe}}{n_1^2 y_{oe} + Y_L} \tag{3-4-7}$$

式中，$Y_L = n_1^2 Y_L'$ 是 Y_L' 等效到谐振回路两端的导纳，它包括回路本身元件 L、C、g_{eo} 和负载导纳总的等效值，即

$$Y_L = \left(g_{eo} + j\omega C + \frac{1}{j\omega L}\right) + n_2^2 y_{ie} \tag{3-4-8}$$

根据式(3-3-28)，将式(3-4-8)代入式(3-4-7)中，则

$$\dot{A}_u = -\frac{n_1 n_2 y_{fe}}{g_\Sigma + j\omega C_\Sigma + \dfrac{1}{j\omega L}} \tag{3-4-9}$$

式中，g_Σ 与 C_Σ 分别是谐振回路的总电导和总电容，分别为

$$\left. \begin{aligned} g_\Sigma &= n_1^2 g_{oe} + n_2^2 g_{ie} + g_{eo} \\ C_\Sigma &= n_1^2 C_{oe} + n_2^2 C_{ie} + C \end{aligned} \right\} \tag{3-4-10}$$

谐振频率 f_0 为

$$f_0 = \frac{1}{2\pi\sqrt{LC_\Sigma}} \tag{3-4-11}$$

或

$$\omega_0 = \frac{1}{\sqrt{LC_\Sigma}}$$

回路有载 Q 值为

$$Q_e = \frac{\omega_0 C_\Sigma}{g_\Sigma} = \frac{1}{\omega_0 L g_\Sigma} \tag{3-4-12}$$

以上几个公式说明，考虑了晶体管和负载的影响之后，放大器谐振频率和 Q 值均有变化。谐振频率处放大器的电压增益为

$$\dot{A}_{u0} = \frac{\dot{U}_{o0}}{\dot{U}_i} = \frac{n_1 n_2 y_{fe}}{g_\Sigma} \tag{3-4-13}$$

其电压增益振幅为

$$A_{u0} = \frac{U_{o0}}{U_i} = \frac{n_1 n_2 |y_{fe}|}{g_\Sigma} \tag{3-4-14}$$

由于 y_{fe} 是复数，有一个相角 $\angle\varphi_{fe}$，所以一般来说，图 3.12 所示放大器输出电压与输入电压之间的相位并非正好相差 $180°$。

另外，由上述公式可知，电压增益振幅与晶体管参数、负载电导、回路谐振电导和接入系数有关：

(1) 为了增大 A_{u0}，应选取 $|y_{fe}|$ 大、g_{oe} 小的晶体管。

(2) 为了增大 A_{u0}，要求负载电导小，如果负载是下一级放大器，则要求其 g_{ie} 小。

(3) 回路谐振电导 g_{eo} 越小，A_{u0} 越大。而 g_{eo} 取决于回路空载 Q 值 Q_0，与 Q_0 成反比。

(4) A_{u0} 与接入系数 n_1、n_2 有关，但不是单调递增或单调递减关系。n_1 和 n_2 还会影响

回路有载 Q 值 Q_e，而 Q_e 将影响通频带。所以，n_1 和 n_2 的选择应全面考虑，选取最佳值。

　　实际放大器的设计应在满足通频带和选择性的前提下，尽可能提高电压增益。

　　在单级单调谐放大器中，选频功能由单个并联谐振回路完成，所以单级单调谐放大器的矩形系数与单个并联谐振回路的矩形系数相同，其通频带则由于受晶体管输出阻抗和负载的影响，比单个并联谐振回路加宽。

【例 3.1】　在图 3.12 中，已知工作频率 $f_0 = 30\text{MHz}$，$V_{cc} = 6\text{V}$，$I_e = 2\text{mA}$。晶体管采用 3DG47 型高频管，其 Y 参数在上述工作条件和工作频率处的数值如下：

$$g_{ie} = 1.2\text{mS}, \quad C_{ie} = 12\text{pF}$$
$$g_{oe} = 400\mu\text{S}, \quad C_{oe} = 9.5\text{pF}$$
$$|y_{fe}| = 58.3\text{mS}, \quad \angle\varphi_{fe} = -22°$$
$$|y_{re}| = 310\mu\text{S}, \quad \angle\varphi_{fe} = -88.8°;$$

回路电感 $L = 1.4\mu\text{H}$，接入系数 $n_1 = 1$，$n_2 = 0.3$，$Q_0 = 100$；负载是另一级相同的放大器。求谐振电压增益振幅 A_{u0} 和通频带 $BW_{0.7}$。又回路电容 C 是多少时，才能使回路谐振？

解　忽略 y_{re} 的作用。因为

$$g_{eo} = \frac{1}{Q_0\omega_0 L} = \frac{1}{100 \times 2\pi \times 30 \times 10^6 \times 1.4 \times 10^{-6}}\text{S} \approx 37.9 \times 10^{-6}\text{S}$$

所以

$$g_{\Sigma} = g_{eo} + n_1^2 g_{oe} + n_2^2 g_{ie}$$
$$= (37.9 \times 10^{-6} + 400 \times 10^{-6} + 0.3^2 \times 1.2 \times 10^{-3})\text{S}$$
$$= 0.55 \times 10^{-3}\text{S}$$

从而

$$A_{u0} = \frac{n_1 n_2 |y_{fe}|}{g_{\Sigma}} = \frac{0.3 \times 58.3 \times 10^{-3}}{0.55 \times 120^{-3}} \approx 32$$

因为

$$C_{\Sigma} = \frac{1}{\omega_0^2 L} = \frac{1}{(2\pi \times 30 \times 10^6)^2 \times 1.4 \times 10^{-6}}\text{F} \approx 20\text{pF}$$

又因为 $C_{\Sigma} = C + n_1^2 C_{oe} + n_2^2 C_{ie}$，所以

$$C = C_{\Sigma} - n_1^2 C_{oe} - n_2^2 C_{ie} = (20 - 9.5 - 0.3^2 \times 12)\text{pF} \approx 9.4\text{pF}$$

由 $Q_e = \dfrac{\omega_0 C_{\Sigma}}{g_{\Sigma}}$ 可得

$$BW_{0.7} = \frac{\omega_0}{2\pi Q_e} = \frac{g_{\Sigma}}{2\pi C_{\Sigma}} = \frac{0.55 \times 10^{-3}}{2 \times 3.14 \times 20 \times 10^{-12}}\text{Hz} \approx 4.38\text{MHz}$$

　　从对单级单调谐放大器的分析可知，其电压增益取决于晶体管参数、回路与负载特性及接入系数等，所以受到一定的限制。如果单级放大器的电压增益较小而不能满足要求时，可采用多级放大器。另外，单级单调谐放大器的矩形系数不好，即选择性较差，可以采用参差放大器和双调谐放大器加以改善。

3.4.2　多级单调谐放大器

　　如果多级放大器中的每一级都调谐在同一频率上，则称为多级单调谐放大器。

　　设放大器有 n 级，各级电压增益振幅分别为 A_{u1}，A_{u2}，$\cdots$，A_{un}，则总电压增益振幅是各级电压增益振幅的乘积，即

$$A_n = A_{u1} A_{u2} \cdots A_{un} \tag{3-4-15}$$

如果每一级放大器的结构和参数均相同，则总电压增益振幅 A_n 为

$$A_n = (A_{u1}{}^n) = \frac{(n_1 n_2)^n |y_{fe}|^n}{\left[g_\Sigma \sqrt{1 + \left(\dfrac{2\Delta f Q_e}{f_0}\right)^2}\right]^n} \qquad (3-4-16)$$

谐振频率处电压增益振幅 A_{u0} 为

$$A_{u0} = \left(\frac{n_1 n_2}{g_\Sigma}\right)^n |y_{fe}|^n \qquad (3-4-17)$$

n 级放大器通频带 BW_n 为

$$BW_n = 2\Delta f_{0.7} = \sqrt{2^{1/n} - 1}\,\frac{f_0}{Q_e} = \sqrt{2^{1/n} - 1}\,BW_{0.7} \qquad (3-4-18)$$

由上述公式可知，n 级相同的单调谐放大器的总增益比单级放大器的增益提高了，而通频带比单级放大器的通频带缩小了，且级数越多，频带越窄。换句话说，如多级放大器的频带确定以后，级数越多，则要求其中每一级放大器的频带越宽。所以，增益和通频带的矛盾是一个严重的问题，特别是对于要求高增益宽频带的放大器来说，这个问题更为突出。这一特性与低频多级放大器相同。

【例 3.2】 某中频放大器的通频带为 6MHz，现采用两级或三级相同的单调谐放大器，两种情况下要求每一级放大器的通频带各是多少？

解 根据式 $(3-4-18)$，当 $n=2$ 时，因为

$$BW_2 = \sqrt{2^{1/2} - 1}\,BW_{0.7} = 6 \times 10^6\,\text{Hz}$$

所以，要求每一级带宽

$$BW_{0.7} = \frac{6 \times 10^6}{\sqrt{2^{1/2} - 1}}\,\text{Hz} \approx 9.3 \times 10^6\,\text{Hz}$$

同理，当 $n=3$ 时，要求每一级带宽

$$BW_{0.7} = \frac{6 \times 10^6}{\sqrt{2^{1/3} - 1}}\,\text{Hz} \approx 11.8 \times 10^6\,\text{Hz}$$

根据矩形系数定义，当 $\Delta f = \Delta f_{0.1}$ 时，$A_n / A_{n0} = 0.1$，由式 $(3-4-18)$ 可求得

$$BW_{n0.1} = 2\Delta f_{0.1} = \sqrt{100^{1/n} - 1}\,\frac{f_0}{Q_e}$$

所以 n 级单调谐放大器的矩形系数为

$$K_{n0.1} = \frac{BW_{n0.1}}{BW_n} = \frac{\sqrt{100^{1/n} - 1}}{\sqrt{2^{1/n} - 1}}$$

表 3-2 列出了 $K_{n0.1}$ 与 n 的关系。

表 3-2 单调谐放大器 $K_{n0.1}$ 与 n 的关系

级数 n	1	2	3	4	5	6	7	8	9	10	∞
矩形系数 $K_{n0.1}$	9.95	4.90	3.74	3.40	3.20	3.10	3.00	2.93	2.89	2.85	2.56

从表 3-2 中可以看出，当级数 n 增加时，放大器矩形系数有所改善，但这种改善是有一定限度的，最小不会低于 2.56。

多级单调谐放大器可以提高电压增益，并适当改善矩形系数。但随着级数的增加，通频带越来越窄，这是个很大的缺陷。采用参差调谐放大器，可以有效地加宽频带，并且对改善矩形系数也有帮助，因而广泛应用于相对频宽要求较大时的信号放大。参差调谐放大

器由若干级单调谐放大器组成，每级回路的谐振频率参差错开，常用的有双参差调谐放大器和三参差调谐放大器。

3.4.3　双调谐回路谐振放大器

改善单级放大器的通频带和选择性可以采用双调谐放大器。双调谐放大器是指集电极采用双调谐回路作为负载的一种放大器，可分为互感耦合和电容耦合两种类型。现以互感耦合双调谐放大器为例进行分析。图 3.14（a）、（b）分别是其电路图和高频等效电路，图（c）是将晶体管输出电流源和输出导纳折合到 $L_1 C_1$ 两端，负载导纳折合到 $L_2 C_2$ 两端后的等效电路。

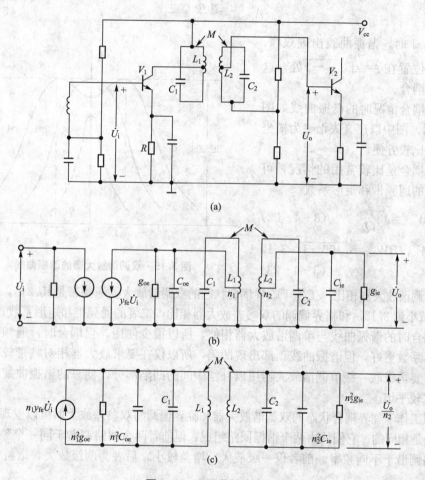

(a)

(b)

(c)

图 3.14　双调谐放大电路

在实际电路中，两个回路都调谐在同一个谐振频率 f_0 上。并假定一次侧、二次侧线圈电感均为 L，两回路 Q 值也相同。

根据耦合电感电路的幅频特性和类似于单级单调谐放大器的分析方法，可以求出双调谐放大器的电压增益振幅 A_u 为

$$A_u = \frac{U_o}{U_i} = \frac{n_1 n_2 |y_{fe}|}{g} \frac{\eta}{\sqrt{(1-\xi^2+\eta^2)^2+4\xi^2}} \tag{3-4-19}$$

式中，广义失谐 $\xi=\varepsilon Q_e$；耦合因数 $\eta=kQ_e$；耦合系数 $k=\dfrac{M}{L}$；g 是一次侧、二次侧回路电导，即假定一次侧、二次侧回路电导相等；M 是互感系数。

当一次侧、二次侧回路都调到谐振频率 f_0 时，相对失谐 $\varepsilon=0$，从而广义失谐 $\xi=0$。这时谐振电压增益振幅为

$$A_{u0}=\frac{n_1 n_2 \left|y_{fe}\right|}{g}\frac{\eta}{1+\eta^2} \qquad (3-4-20)$$

当 $\eta<1$ 时，称为弱耦合，谐振曲线为单峰，峰点在 $\xi=0$ 处。随着 η 的增加，峰值逐渐增加，当 $\eta=1$ 时，称为临界耦合，这时 A_{u0} 达到最大值

$$A_{u0max}=\frac{n_1 n_2 \left|y_{fe}\right|}{2g} \qquad (3-4-21)$$

当 $\eta>1$ 时，谐振曲线出现双峰，两个峰点位置在 $\xi=\pm\sqrt{\eta^2-1}$ 处，这时称为强耦合。

三种耦合情况时的谐振曲线如图 3.15 所示。图中以广义失谐 ξ 为横坐标，这样比较方便。

临界耦合是比较常用的情况，可求出相应的通频带和矩形系数：

$$BW_{0.7}=\sqrt{2}\frac{f_0}{Q_e} \qquad (3-4-22)$$

$$K_{0.1}=BW_{0.1}/BW_{0.7}=\sqrt[4]{100-1}\approx3.15 \qquad (3-4-23)$$

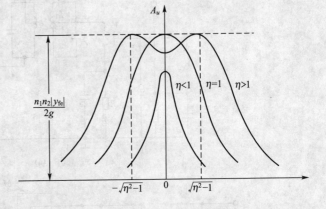

图 3.15　双调谐放大器的谐振曲线

和单调谐放大器相比，工作于临界耦合状态的双调谐放大器通频带是其 $\sqrt{2}$ 倍，矩形系数从 9.95 减小到 3.15。和临界偏调的双参差放大器相比，二者的通频带和矩形系数是相同的。

弱耦合时的谐振曲线与单调谐放大器相似，所以很少使用。强耦合时，通频带显著加宽，矩形系数更好，但谐振曲线顶部出现凹陷，所以仅在要求放大器相对频带较宽时才使用，且需要再级联一级单调谐放大器用以补偿中间的凹陷部分，使总的谐振曲线在整个通频带内比较平坦。

对照工作于临界耦合状态的双调谐放大器和临界偏调的双参差放大器可以发现，二者的谐振曲线是相同的。它们均由两个谐振回路组成，但前者两个回路调谐于同一个频率，后者两个回路调谐于不同频率。前者仅一级放大，增益较小，后者为两级放大，增益较大。

3.4.4　集中选频放大器

前几节介绍的各种谐振放大器既可采用晶体管或场效应管，也可采用集成电路。当采用集成电路时，并联谐振回路元件 L、C 需外接。

为了提高增益，一般常采用多级放大器。对于多级放大器，要求每级均有其谐振回路，故不易获得较宽的通频带，选择性也不够理想。如采用参差放大器或双调谐放大器，则调试较复杂。另外，在高增益的多级放大器里，即使放大器内部反馈很小，也可能由于布线之间的寄生反馈而产生自激，影响稳定性和可靠性。

目前，制作高增益的宽带集成放大器已非难事。然而，在集成电路基片上制作电感和较大的电容却很困难。因此，将高频放大器的两个任务——放大和选频分开，先采用矩形系数较好的集中选择滤波器完成信号的选择，然后利用宽带集成电路进行信号放大，这样就组成了集中选频放大器。

集中选频放大器以集中预选频代替了逐级选频，可减小晶体管参数不稳定对选频回路的影响，保证放大器指标的稳定，减小调试的难度，而且有利于充分发挥线性集成电路的优势。

1. 集中滤波器

集中滤波器的任务是选频，要求在满足通频带指标的同时，矩形系数要好。其主要类型有集中 LC 滤波器、陶瓷滤波器和声表面波滤波器等。

集中 LC 滤波器通常由一节或若干节 LC 网络组成，根据网络理论，按照带宽、衰减特性等要求进行设计，目前已得到了广泛应用。图 3.16 给出了一种 LC 集中滤波网络结构。

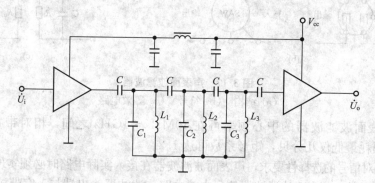

图 3.16　LC 集中滤波网络

陶瓷滤波器是由压电陶瓷材料做成的具有选频特性的器件。它具有无须调谐，体积小，加工方便等优点，但工作频率不太高（几十兆赫以下），相对频宽较窄。

目前，应用最普遍的集中滤波器是声表面波滤波器。声表面波滤波器（Surface Acoustic Wave Filter，SAWF）是利用某些晶体的压电效应和表面波传播的物理特性制成的一种新型电—声换能器件。所谓压电效应是指：当晶体受到应力作用时，在它的某些特定表面上将出现电荷，而且应力大小与电荷密度之间存在着线性关系，这是正压电效应；当晶体受到电场作用时，在它的某些特定方向上将出现应力变化，而且电场强度与应力变化之间存在着线性关系，这是逆压电效应。自 20 世纪 60 年代中期问世以来，声表面波滤波器的发展非常迅速。它不仅不需要调整，而且具有良好的幅频特性和相频特性，其矩形系数接近 1。

图 3.17 是声表面波滤波器的基本结构、符号和等效电路。声表面波滤波器是在经过研磨抛光的极薄的压电材料基片上，用蒸发、光刻、腐蚀等工艺制成两组叉指状电极，其中与信号源连接的一组称为发送叉指换能器，与负载连接的一组称为接收叉指换能器。当把输入电信号加到发送换能器上时，叉指间便会产生交变电场。由于逆压电效应的作用，基体材料将产生弹性形变，从而产生声波振动。向基片内部传送的体波会很快衰减，而表面波则向垂直于电极的左、右两个方向传播。向左传送的声表面波被涂于基片左端的吸声材料所吸收，向右传送的声表面波由接收换能器接收，由于正压电效应，在叉指对之间产生电信号，并由此端输出。声表面波滤波器的滤波特性，如中心频率、频带宽度、频响特

性等一般由叉指换能器的几何形状和尺寸决定。这些几何尺寸包括叉指对数、指条宽度 a、指条间隔 b、指条有效长度 B 和周期长度 M 等。

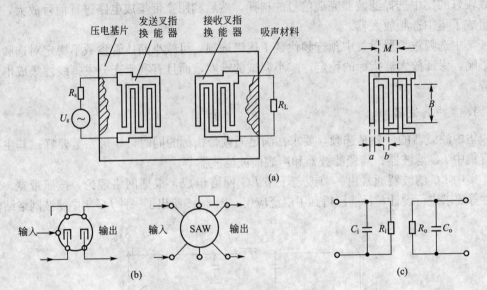

图 3.17　声表面波滤波器

（a）结构　（b）符号　（c）等效电路

目前声表面波滤波器的中心频率可在 10MHz～1GHz 之间，相对带宽为 0.5%～50%，插入损耗最低仅几分贝，矩形系数可达 1.2。

为了保证对信号的选择性要求，声表面波滤波器在接入实际电路时必须实现良好的匹配。图 3.18 所示为一接有声表面波滤波器的预中放电路，滤波器输出端与一宽带放大器相接。

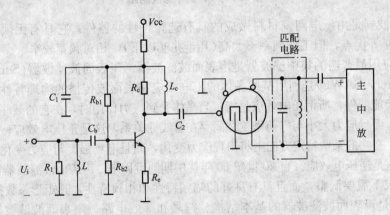

图 3.18　声表面波滤波器与放大器连接

2. 集成宽带放大器

展宽集成放大器频带(主要是提高上限截止频率，因采用直接耦合方式很容易使下限截止频率延伸到零)的主要方法有组合法和反馈法。

1) 组合电路集成宽带放大器

在集成宽带放大器中广泛采用共射—共基电路，如图 3.19 所示。

由于共发射极电路具有电流增益和电压增益都较高的优点，所以是放大器最常使用的一种组态。但它的上限频率较低，从而带宽受到限制，这主要是由于密勒效应的缘故。

在共射组态混合 π 型等效电路中，跨接在输入、输出端之间的晶体管集电结电容可以等效到输入端 b'、e 之间与发射结电容并联，其等效电容

$$C_M = (1 + g_m R_L') C_{b'c}$$

式中，g_m 是晶体管跨导；R_L' 是考虑负载后的输出端总电阻；C_M 称为密勒电容，这一作用称为密勒效应。虽然 $C_{b'c}$ 数值很小，一般仅几皮法，但 C_M 一般却很大。密勒效应使共射电路输入电容增大，容抗减小，且随频率的增大容抗更加减小，因此高频性能降低。

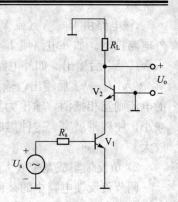

图 3.19 集成宽带放大器中的共射—共基电路

在共基电路和共集电路中，$C_{b'c}$ 或者处于输出端，或者处于输入端，无密勒效应，所以上限频率远高于共射电路。

在图 3.19 所示共射-共基组合电路中，上限频率由共射电路的上限频率决定。利用共基电路输入阻抗小的特点，将它作为共射电路的负载，使共射电路输出总电阻 R_L' 大大减小，进而使密勒电容 C_M 大大减小，高频性能有所改善，从而有效地扩展了共射电路亦即整个组合电路的上限频率。由于共射电路负载减小，所以电压增益减小。但这可以由电压增益较大的共基电路进行补偿。而共射电路的电流增益不会减小，因此整个组合电路的电流增益和电压增益都较大。

共射—共基电路的稳定性也是很好的，在集成电路里，用差分电路代替组合电路中的单个晶体管，可以组成共射-共基差对电路，如图 3.20 所示的国产宽带放大器集成电路 ER4803(与国外产品 U2350、U2450 相当)，其带宽为 1GHz。

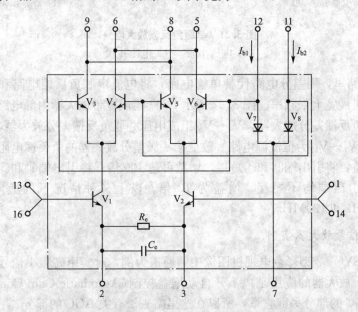

图 3.20 宽带放大器集成电路 ER4803 内部电路图

该电路由 V_1、V_3(或 V_4)与 V_2、V_6(或 V_5)组成共射—共基差分对,输出电压特性由外电路控制。如外电路使 $I_{b2}=0$,$I_{b1}\neq0$ 时,V_8 和 V_4、V_5 截止,信号电流由 V_1、V_2 流入 V_3、V_4 后输出。如外电路使 $I_{b1}=0$,$I_{b2}\neq0$ 时,V_7 和 V_3、V_6 截止,信号电流由 V_1、V_2 流入 V_4、V_5 后输出,输出极性与第一种情况相反。如外电路使 $I_{b1}=I_{b2}$ 时,通过负载的电流则互相抵消,输出为零。C_e 用于高频补偿,因高频时容抗减小,发射极反馈深度减小,使频带展宽。这种集成电路常用作 350MHz 以上宽带示波器中的高频、中频和视频放大。

2) 负反馈集成宽带放大器

调节负反馈电路中的某些元件参数,可以改变反馈深度,从而调节负反馈放大器的增益和频带宽度。如果以牺牲增益为代价,可以扩展放大器的频带,其类型可以是单级负反馈,也可以是多级负反馈。

单级负反馈放大器有电流串联和电压并联两种反馈电路,其交流等效电路分别如图 3.21(a)、(b)所示。其中电流串联负反馈电路的特点是输入、输出阻抗高,所以适合与低内阻的信号电压源连接。电压并联负反馈电路的特点是输入、输出阻抗低,所以适合与高内阻的信号电流源连接。

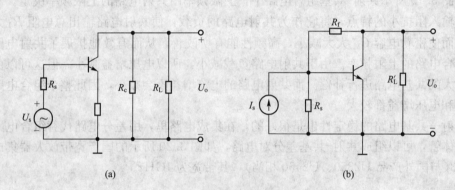

图 3.21　单级负反馈放大电路

(a)电流串联　(b)电压并联

在集成电路里,用差分电路代替单管电路,将电流串联负反馈电路和电压并联负反馈电路级联,可展宽上限频率。图 3.22 所示 F733 集成宽带放大器内部电路中,V_1、V_2 组成电流串联负反馈差分放大器,$V_3 \sim V_6$ 组成电压并联负反馈差分放大器(其中 V_5 和 V_6 兼作输出级),$V_7 \sim V_{11}$ 为恒流源电路。改变第一级差分放大器的负反馈电阻,可调节整个电路的电压增益。将引出端⑨和④短接,增益可达 400 倍;将引出端⑩和③短接,增益可达 100 倍。各引出端均不短接,增益为 10 倍。以上三种情况下的上限频率依次为 40MHz、90MHz 和 120MHz。

3. 高频小信号放大器实例

这里以 37SYC-2 型彩色电视机图像中频通道为例,对实用高频小信号放大器作一简单介绍。当然,放大器的应用是离不开自动增益控制(Automatic Gain Control,AGC)电路的,由于 AGC 的部分另辟它章,所以在这里略去了有关 AGC 的部分。

单片中规模图像中频集成电路 TA7607AP 包括中频放大、视频检波等部分。由电视

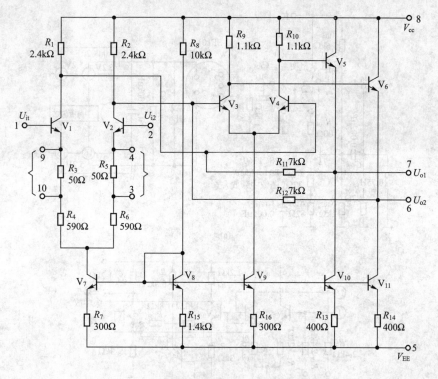

图 3.22 集成宽带放大器 F733 内部电路图

机高频头送来的载频为 38MHz 的图像中频信号，由分立的前置中频放大器放大约 15dB（其作用是补偿 SAWF 的插入损耗）后，进入 SAWF（SAWF 实际上是一个带通滤波器），然后由 TA7607AP 的①、⑯脚双端输入，经三级相同的具有 AGC 特性的高增益宽带放大器放大后（在频率为 58MHz 处的增益典型值为 50dB）进行视频检波。图 3.23 给出了外接前置中放与 SAWF[见图（a）]和 TA7607AP 中第一级中放[见图（b）]的电路图。

图 3.23（a）中虚线框内是中频变压器。前置中放是一级宽带放大器。SAWF 的输出电容和 L_{103} 组成谐振回路，调谐于通频带的中心频率。TA7607AP 中第一级中放是由 V_1、V_2 组成的差分形式的跟随器（起隔离缓冲作用）和由 V_3、V_4、V_5 组成的具有 AGC 特性的差分放大器构成。其他两级中放的结构相同。R_{42} 和 R_{43} 接到第三级中放的输出端，形成直流负反馈，以稳定工作点。

3.4.5 谐振放大器的稳定性

共射电路由于其电压增益和电流增益都较大，所以是谐振放大器的常用形式。

以上在讨论谐振放大器时，都假定了反向传输导纳 $y_{re}=0$，即晶体管单向工作，输入电压可以控制输出电流，而输出电压不影响输入。实际上 $y_{re}\neq0$，即输出电压可以反馈到输入端，引起输入电流的变化，从而可能使放大器工作不稳定。如果这个反馈足够大，且在相位上满足正反馈条件，则会出现自激振荡。

为了提高放大器的稳定性，通常从两个方面着手。一是从晶体管本身想办法，减小其反向传输导纳 y_{re} 值。y_{re} 的大小主要取决于集电极与基极间的结电容 $C_{b'c}$，（由混合 π 型等

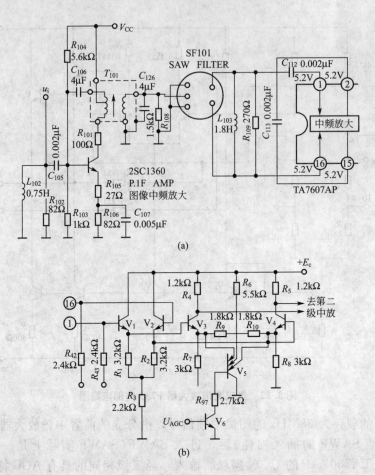

图 3.23 彩电图像中频放大电路

（a）前置中放与 SAWF （b）TA7607AP 中第一级中放

效电路图可知，$C_{b'c}$ 跨接在输入、输出端之间），所以制作晶体管时应尽量使其 $C_{b'c}$ 减小，使反馈容抗增大，反馈作用减弱。二是从电路上设法消除晶体管的反向作用，使它单向化。具体方法有中和法与失配法。

中和法通过在晶体管的输出端与输入端之间引入一个附加的外部反馈电路（中和电路），来抵消晶体管内部参数 y_{re} 的反馈作用。由于 y_{re} 的实部（反馈电导）通常很小，可以忽略，所以常常只用一个电容 C_N 来抵消 y_{re} 的虚部（反馈电容）的影响，就可达到中和的目的。为了使通过 C_N 的外部电流和通过 $C_{b'c}$ 的内部反馈电流相位相差 $180°$，从而能互相抵消，通常在晶体管输出端添加一个反相的耦合变压器。图 3.24（a）所示为收音机常用的中和电路，图（b）是其交流等效电路。为了直观，将晶体管内部电容 $C_{b'c}$ 画在了晶体管外部。由于 y_{re} 是随频率而变化的，所以固定的中和电容 C_N 只能在某一个频率点起到完全中和的作用，对其他频率只能有部分中和作用。又因为 y_{re} 是一个复数，中和电路应该是一个由电阻和电容组成的电路，但这给调试增加了困难。另外，如果再考虑到分布参数的作用和温度变化等因素的影响，中和电路的效果很有限。

失配法通过增大负载电导 Y_L，进而增大总回路电导，使输出电路严重失配，输出电

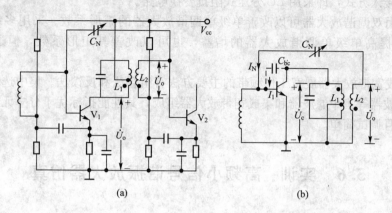

图 3.24　收音机常用的中和电路及其交流等效电路

（a）中和电路　（b）交流等效电路

压相应减小，从而使输出端反馈到输入端的电流减小，对输入端的影响也就减小。可见，失配法是用牺牲增益来换取电路的稳定。

用两只晶体管按共射—共基方式连接成一个复合管是经常采用的一种失配法。图 3.25 是其结构原理图。

由于共基电路的输入导纳较大，当它和输出导纳较小的共射电路连接时，相当于增大共射电路的负载导纳而使之失配，从而使共射晶体管内部反馈减弱，稳定性大大提高。共射电路在负载导纳很大的情况下，虽然电压增益减小，但电流增益仍较大，而共基电路虽然电流增益接近 1，但电压增益却较大。所以二者级联后，互相补偿，电压增益和电流增益都比较大。

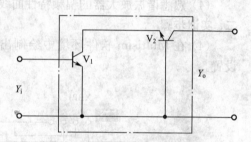

图 3.25　共射—共基电路原理图

3.5　小　　结

本章要点如下：

（1）高频谐振放大器采用 LC 并联谐振回路作为选频网络，其选频性能好坏可由通频带和选择性（回路 Q 值）这两个相互矛盾的指标来衡量。矩形系数是综合说明这两个指标的一个参数，可以衡量实际幅频特性接近理想幅频特性的程度。矩形系数越小，则谐振放大器的幅频特性越理想。

（2）在分析高频小信号谐振放大器时，Y 参数等效电路是描述晶体管工作状况的重要模型。使用时必须注意，Y 参数不仅与静态工作点有关，而且是工作频率的函数。在分析宽频带放大器时，混合 π 型等效电路是描述晶体管工作状况的重要模型。

（3）单级单调谐放大器电路是高频谐振放大器的基本电路。为了增大回路的有载 Q 值，提高电压增益，减小对回路谐振频率特性的影响，谐振回路与信号源和负载的连接大都采用部分接入方式，即采用 LC 分压式阻抗变换电路。

（4）采用双调谐放大器可以改善单级单调谐放大器的矩形系数。采用多级单调谐放大器既可以提高单级单调谐放大器的增益，也可以改善其矩形系数，但通频带却变窄了。

（5）集成宽带放大器展宽工作频带的主要方法有组合法和反馈法。集中选频放大器由声表面波滤波器等集中滤波器和集成宽带放大器组成，其性能指标优于分立元件组成的谐振放大器，且调试简单。

3.6　实训：高频小信号谐振放大器仿真

一、实训目的

（1）会熟练使用电路仿真软件对高频电路进行仿真；

（2）了解高频小信号谐振放大器的电路结构及工作原理；

（3）了解 LC 谐振元件的参数对放大器增益的影响；

（4）熟悉谐振放大器的幅频特性曲线。

二、实训步骤

（4）在 Multisim 软件环境中绘制出电路图 3.26，注意元件标号和各个元件参数的设置。

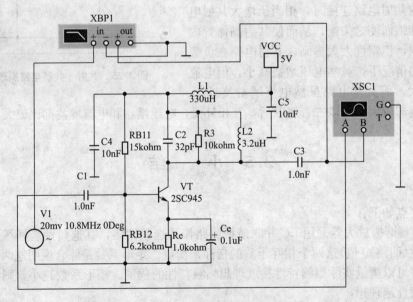

图 3.26　高频小信号谐振放大器

（2）双击图 3.26 中的示波器 XSC1，按图 3.27 进行参数设置。

（3）双击图 3.26 中的波特图仪 XBP1，按图 3.28 进行参数设置。

（4）打开仿真开关，就可以观察到各种待测波形了，如图 3.27 和图 3.28 所示。

（5）改变 C2 或 L2 的参数值，重新仿真，比较波形的异同。

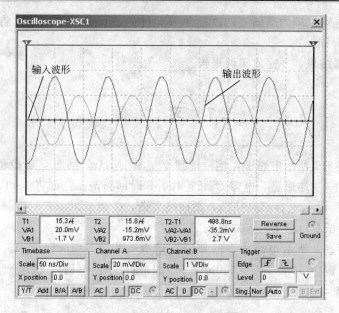

图 3.27　输入、输出波形图

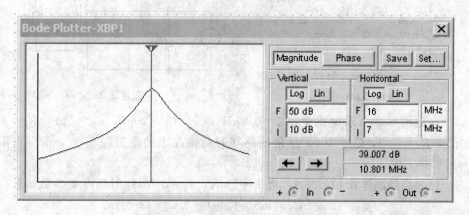

图 3.28　谐振放大器幅频特性曲线图

三、说明

（1）图中 RB11、RB12 是放大器的偏置电阻，Re 是直流负反馈电阻，Ce 是旁路电容，它们起到稳定放大器静态工作点的作用。L2、L3、C2 组成并联谐振回路，它与晶体管共同起着选频放大作用。为了防止三极管的输出与输入导纳直接并入 LC(L2、L3、C2)谐振回路，影响回路参数，以及为防止电路的分布参数影响谐振频率，同时也为了放大器的前后级匹配，本电路采用部分接入方式。R3 的作用是降低放大器输出端调谐回路的品质因数 Q 值，以加宽放大器的通频带。

（2）如果改变图 3.26 中 C2 或 L2 的参数值，则并联谐振回路的谐振频率会偏离放大器的工作频率，放大器的增益会降低，输出波形的幅值会明显减小。

四、实训要求

（1）按照以上步骤绘制电路图，并正确设置元件和仪器仪表的参数。

（2）仿真出正确的波形，并能够看明白波形的含义。

（3）在熟悉电路原理的基础上，改变部分元件的值，并设计表格，将结果填入其中，比较仿真结果的异同。

（4）保存仿真结果，并完成实训报告。

3.7 习　　题

3.1　在题图 3.1 所示电路中，信号源频率 $f_0=1\text{MHz}$，回路空载 Q 值为 100，r 是回路损耗电阻。将 1-1 端短路，电容 C 调至 100pF 时回路谐振。如将 1-1 端开路后再串接一阻抗 Z_x（由电阻 r_x 与电容 C_x 串联），则回路失谐，C 调至 200pF 时重新谐振，这时回路有载 Q 值为 50。试求电感 L、未知阻抗 Z_x。

3.2　在题图 3.2 所示电路中，已知回路谐振频率 $f_0=465\text{kHz}$，$Q_0=100$，$N=160$ 匝，$N_1=40$ 匝，$N_2=10$ 匝，$C=200\text{pF}$，$R_s=16\text{k}\Omega$，$R_L=1\text{k}\Omega$。试求回路电感 L，有载 Q 值和通频带 $BW_{0.7}$。

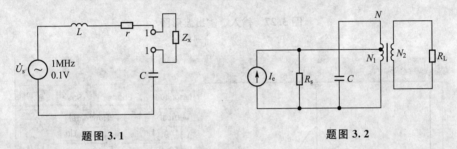

题图 3.1　　　　　　　　　　　　　　　题图 3.2

3.3　在题图 3.3 所示电路中，$L=0.8\mu\text{H}$，$C_1=C_2=20\text{pF}$，$C_S=5\text{pF}$，$R_s=10\text{k}\Omega$，$C_L=20\text{pF}$，$R_L=5\text{k}\Omega$，$Q_0=100$。试求回路在有载情况下的谐振频率 f_0，谐振电阻 R_Σ，Q_e 值和通频带 $BW_{0.7}$。

3.4　已知高频晶体管 CG322A，当 $I_e=2\text{mA}$，$f_0=30\text{MHz}$ 时测得 Y 参数如下：

$$y_{ie}=(2.8+j3.5)\text{mS}\quad y_{re}=(-0.08-j3.5)\text{mS}$$

$$y_{fe}=(36-j27)\text{mS}\quad y_{oe}=(0.2+j2)\text{mS}$$

试求 g_{ie}，C_{ie}，g_{oe}，C_{oe}，$|y_{fe}|$，φ_{fe}，$|y_{re}|$，φ_{re} 的值。

3.5　在题图 3.4 所示调谐放大器中，工作频率 $f_0=10.7\text{MHz}$，$L_{1\sim3}=4\mu\text{H}$，$Q_0=100$，

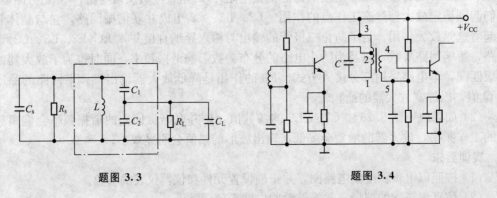

题图 3.3　　　　　　　　　　　　　　　题图 3.4

$N_{1\sim3}=20$ 匝，$N_{2\sim3}=5$ 匝，$N_{4\sim5}=5$ 匝。晶体管 3DG39 在 $I_e=2\text{mA}$，$f_0=10.7\text{MHz}$ 时测得：$g_{ie}=2860\mu\text{S}$，$C_{ie}=18\text{pF}$，$g_{oe}=200\mu\text{S}$，$C_{oe}=7\text{pF}$，$|y_{fe}|=45\text{mS}$，$|y_{re}|\approx0$。试求放大器电压增益 A_{u0} 和通频带 $BW_{0.7}$。

3.6　题图 3.5 是中频放大器单级电路图。已知工作频率 $f_0=30\text{MHz}$，回路电感 $L=1.5\mu\text{H}$，$Q_0=100$，$N_1/N_2=4$，$C_1\sim C_4$ 均为耦合电容或旁路电容。晶体管采用 CG322A，在工作条件下测得 Y 参数与题 3.5 的相同。

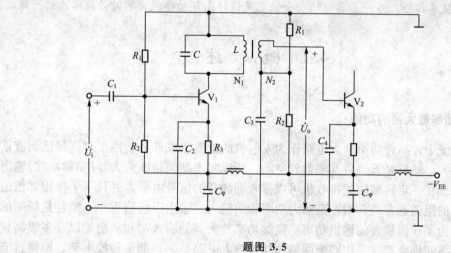

题图 3.5

（1）画出用 Y 参数表示的放大器等效电路。

（2）求回路总电导 g_Σ。

（3）求回路总电容 C_Σ 的表达式。

（4）求放大器电压增益 A_{u0}。

（5）当要求该放大器通频带为 10MHz 时，应在回路两端并联多大的电阻？

3.7　在三级单调谐放大器中，工作频率为 465kHz，每级 LC 回路的 $Q_e=40$，试问总的通频带是多少？如果要使总的通频带为 10kHz，则允许最大 Q_e 为多少？

3.8　已知单调谐放大器谐振电压增益 $A_{u0}=10$，通频带 $BW_{0.7}=4\text{MHz}$，如果再用一级完全相同的放大器与之级联，这时两级放大器总增益和通频带各为多少？若要求级联后总通频带仍为 4MHz，则每级放大器应怎样改动？改动后总谐振电压增益是多少？

第4章　高频功率放大器

高频功率放大器是对高频信号进行功率放大，工作在大信号状态。功率、效率、非线性失真是其主要技术指标。另外，器件的安全性也是设计高频功率放大器时必须考虑的问题。

4.1　概　　述

4.1.1　高频功率放大器的功能

在通信系统中，高频功率放大电路作为发射机的重要组成部分，用于对高频已调波信号进行功率放大，然后经天线将其辐射到空间，所以要求高频功率放大器（简称功放）输出功率很大，保证在一定区域内的接收机可以接收到满意的信号电平，并且不干扰相邻信道的通信。天线的阻值通常为 50Ω，高频大功率管的输入、输出阻抗值很小，而且是频率的函数，所以，为了获得最大的输出功率，高频功率放大器的输入端和输出端以及多级高频功率放大器的级间耦合都要采用匹配网络。功率放大电路是一种能量转换电路，即将直流电源能量转换为输出信号的能量，同时必然有一部分能量损耗。

4.1.2　高频功率放大器的技术指标

1. 高频输出功率 P_o

高频输出功率 P_o 是指高频功率放大器输出高频信号的功率。在一定条件下，高频功率放大器的输出功率 P_o 应尽可能大。

2. 高频功率放大器的效率 η_c

高频功率放大器的效率 η_c 定义为：高频输出功率 P_o 与直流电源提供的功率 P_E 的比值，即 $\eta_c = P_o / P_E$。要求高频功率放大器的效率要高。

3. 功率增益

高频功率放大器的功率增益 A_p 定义为：高频功率放大器输出的有用信号功率与输入信号功率的比值，即 $A_p = P_o / P_i$。要求高频功率放大器的功率增益要符合设计要求。

4. 通频带宽 $BW_{0.7}$

高频功率放大器的通频带宽 $BW_{0.7}$ 定义为两个半功率点之间的带宽。要求高频功率放大器的通频带宽度要符合设计要求。

5. 选择性

反映高频功率放大器对通频带内信号的放大和对通频带外信号的抑制能力。要求高频功率放大器的选择性要好。

在上述技术指标中，输出功率、效率、功率增益是高频功率放大电路的三个最主要的技术指标。功率放大器的效率是一个突出的问题，其效率的高低与放大器的工作状态有直接的关系。放大器的工作状态可分为甲类、乙类和丙类等。为了提高放大器的工作效率，它通常工作在乙类、丙类，即晶体管工作延伸到非线性区域。但这些工作状态下的放大器的输出电流与输出电压间存在很严重的非线性失真。因此，高频功率放大器的非线性失真（抑制度）也是一个很重要的指标。同时，由于高频功率放大器工作在大信号状态，安全工作仍然是首先必须考虑的问题。

4.1.3　高频功率放大器的分类

与小信号谐振放大器一样，高频功率放大器按工作频带的宽窄可分为：窄带功率放大器和宽带功率放大器。

窄带功率放大器是对带宽相对较窄的信号进行功率放大。如中波段广播信号的放大等。从节省能量的角度考虑，效率显得更加重要。因此，高频功率放大器常采用效率较高的丙类工作状态，即晶体管集电极电流导通时间小于输入信号的半个周期的工作状态。同时，为了滤除丙类工作时产生的众多高次谐波分量，常采用 LC 谐振回路作为选频网络，故称为丙类谐振功率放大电路。很显然，丙类谐振功率放大器属于窄带功率放大器。窄带功率放大器与负载之间通常采用 L 形、T 形或 π 形滤波匹配网络。

对于工作频带要求较宽，或要求经常迅速更换选频网络中心频率的情况，可采用宽带功率放大电路。宽带功率放大器一般工作在甲类状态，利用传输线变压器等作为匹配网络，并且可以采用功率合成技术来增大输出功率。

按工作状态分类可分为：甲类、乙类、丙类以及丁类和戊类等。

低频功率放大器因其信号的频率覆盖系数大，不能采用谐振回路作负载，因此一般工作在甲类状态。采用推挽电路时可以工作在乙类。高频功率放大器因其信号的频率覆盖系数小，可以采用谐振回路作负载，故通常工作在丙类，通过谐振回路的选频功能，可以滤除放大器集电极电流中的谐波成分，选出基波分量从而基本消除了非线性失真。所以，高频功率放大器具有比低频功率放大器更高的效率。

4.2　高频功率放大器

4.2.1　谐振功率放大器的基本原理

1. 谐振功率放大器的组成

谐振功率放大器的原理电路如图 4.1 所示。图中三极管为高频大功率管，通常采用平面工艺制造的 NPN 高频大功率管，能承受高压和大电流，有较高的特征频率 f_T。晶体管的主要作用是在基极注入信号的控制下，将集电极电源 V_{CC} 提供的直流能量转换为高频信号能量。V_{BB} 为基极的直流电源电压。调整 V_{BB}

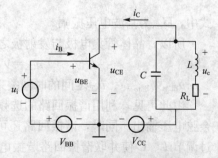

图 4.1　谐振功率放大器原理图

可改变放大器的工作类型。为使晶体管工作在丙类状态，V_{BB} 应设在晶体管的截止区内。也就是说，当没有输入信号 u_i 时，晶体管处于截止状态，$i_C = 0$。V_{CC} 为集电极的直流电源电压。R_L 为外接负载电阻（实际情况下，外接负载一般为阻抗性的），L、C 为滤波匹配网络，它们与 R_L 构成并联谐振回路，调谐在输入信号频率上，作为晶体管集电极负载。由于 R_L 比较大，所以，谐振功率放大器中谐振回路的品质因数比小信号谐振放大器中谐振回路的要小得多，但这并不影响谐振回路对谐波成分的抑制作用。

放大器电路由集电极回路和基极回路两部分组成，集电极回路由晶体管集电极、发射极、集电极直流电源和集电极负载组成。基极回路由晶体管基极、发射极、偏置电源和外加激励组成。由偏置电压 V_{BB} 和外加激励控制集电极电流的通断，由集电极回路通过晶体管完成直流能量转换为高频交流能量。高频谐振功率放大器主要研究集电极回路的能量转换关系。

2. 工作原理

要了解高频谐振功率放大器的工作原理，首先必须了解晶体管的电压、电流波形及其对应关系。

设输入电压为一余弦电压，即

$$u_i = U_{im}\cos(\omega t)$$

则晶体管基极、发射极间电压 u_{BE} 为

$$u_{BE} = V_{BB} + u_i = V_{BB} + U_{im}\cos(\omega t) \tag{4-2-1}$$

当 U_{BE} 的瞬时值大于晶体管的基极和发射极之间的导通电压 $U_{BE(on)}$ 时，晶体管导通，产生基极电流，为余弦脉冲电流。基极导通后，晶体管由截止区进入放大区，集电极将流过电流 i_C，与基极电流相对应，i_C 也是余弦脉冲电流。把集电极电流脉冲用傅里叶级数展开，可分解为直流、基波和各次谐波，因此，集电极电流可写为

$$i_C = I_{C0} + I_{c1m}\cos(\omega t) + I_{c2m}\cos(2\omega t) + \cdots \tag{4-2-2}$$

式中，I_{C0} 为直流电流；I_{c1m}、I_{c2m} 分别为基波、二次谐波电流分量的幅度。

当集电极回路调谐在输入信号频率 ω 上，即与高频输入信号的基波谐振时，谐振回路对基波电流等效为纯电阻。对其他各次谐波而言，回路失谐而呈现很小的电抗并可看成短路。直流分量只能通过电感线圈支路，其直流电阻很小，对直流也可看成短路。这样，脉冲形状的集电极电流 i_C，或者说包含有直流分量、基波和高次谐波成分的电流分量 i_C，流经谐振回路时，只有基波电流才能产生压降，因而，LC 谐振回路两端输出不失真的高频信号电压。若回路的谐振电阻为 R_e，则

$$u_c = -R_e I_{c1m}\cos(\omega t) = -U_{cm}\cos(\omega t) \tag{4-2-3}$$

$$U_{cm} = R_e I_{c1m} \tag{4-2-4}$$

式中，U_{cm} 为基波电压振幅。

所以，晶体管集电极与发射极之间的电压为

$$u_{CE} = V_{CC} + u_c = V_{CC} - U_{cm}\cos(\omega t) \tag{4-2-5}$$

u_{BE}、i_B、i_C、u_{CE} 之间的时间关系波形如图 4.2 所示。

由此可见，利用谐振回路的选频作用，可以将失真的集电极电流脉冲变换为不失真的余弦电压输出。同时，谐振回路还可以将含有电抗分量的外接负载变换为纯电阻 R_e。通过调节 L、C 使并联谐振回路谐振电阻 R_e 与晶体管所需集电极负载值相等，实现阻抗匹配。因此，在谐振功率放大器中，谐振回路除了起滤波作用外，还起到阻抗变换作用。

　　由图 4.2 可见，丙类放大器在一个信号周期内，只有小于半个周期的时间内有集电极电流通过，形成了余弦脉冲电流，将 i_{Cmax} 称为余弦脉冲电流的最大值，θ 为导通角。丙类放大器的导通角小于 90°。余弦脉冲电流依靠 LC 谐振回路的选频作用，滤除直流及各次谐波，输出电压仍是不失真的余弦波。集电极高频交流输出电压 u_c 与基极输入电压 u_i 相位相反。当 u_{BE} 为最大值 u_{BEmax} 时，i_C 为最大值 i_{Cmax}，u_{CE} 为最小值，它们出现在同一时刻。可见，i_C 只在 u_{CE} 很低的时间内出现，故集电极损耗很小，功率放大器的效率因而比较高，而且 i_C 越小，效率就越高。

3. 谐振功率放大器中的折线分析法

　　在大信号条件下，晶体管特性的非线性部分影响减小，通过理想化正向传输特性，晶体管高频功率放大器的转移特性可近似为折线，如图 4.3 所示。折线化后的斜线与横轴的交点，即为基极与发射极之间的导通电压 $U_{BE(on)}$。从处理后的折线图中可以看出，当输入电压低于导通电压 $U_{BE(on)}$ 时，电流 i_C 为零。当输入电压高于导通电压 $U_{BE(on)}$ 时，电流 i_C 随 u_{BE} 线性增长。因此，折线化后的转移特性曲线可用式(4-2-6)表示

$$i_C=\begin{cases}g_c(u_{BE}-U_{BE(on)}) & u_{BE}>U_{BE(on)}\\ 0 & u_{BE}\leqslant U_{BE(on)}\end{cases} \quad (4-2-6)$$

式中，g_c 为斜线的斜率。

　　在晶体管基极施加电压为 $u_{BE}=V_{BB}+u_i=V_{BB}+U_{im}\cos(\omega t)$，其波形如图 4.3 中②所示，则集电极电流 i_C 的波形如图 4.3 中③所示。θ 为导通角。

　　在放大区，将 $u_{BE}=V_{BB}+u_i=V_{BB}+U_{im}\cos(\omega t)$ 代入式(4-2-6)，可以得到

$$i_C=g_c[V_{BB}+U_{im}\cos(\omega t)-U_{BE(on)}] \quad (4-2-7)$$

当 $\omega t=\theta$ 时，$i_C=0$，由式(4-2-7)可得

$$\theta=\arccos\frac{U_{BE(on)}-V_{BB}}{U_{im}}$$

或写成：$$\cos\theta=\frac{U_{BE(on)}-V_{BB}}{U_{im}} \quad (4-2-8)$$

　　丙类工作状态的导通角可根据式(4-2-8)来设置。

　　当 $\omega t=0$ 时，$i_C=i_{Cmax}$，由式(4-2-7)和式(4-2-8)可得

$$g_cU_{im}=\frac{i_{Cmax}}{1-\cos\theta} \quad (4-2-9)$$

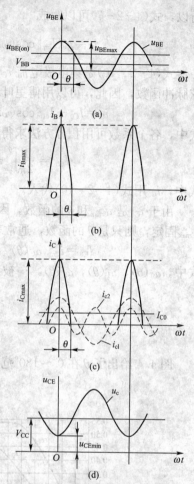

图 4.2　丙类谐振功率放大器中电流、电压波形

（a）u_{BE} 波形　（b）i_B 波形
（c）i_C 波形　（d）u_{CE} 波形

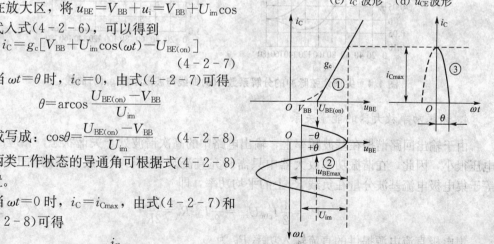

图 4.3　丙类工作情况的输入电压、集电极电流波形

所以，式(4-2-7)可以写成

$$i_C = g_c U_{im}\left[\cos(\omega t) - \frac{U_{BE(on)} - V_{BB}}{U_{im}}\right] = i_{Cmax}\frac{\cos(\omega t) - \cos\theta}{1 - \cos\theta} \qquad (4-2-10)$$

式(4-2-10)是集电极电流 i_C 的表达式，从该式可以看出，这是一个周期性的尖顶余弦脉冲函数，因此，可以用傅里叶级数展开，即

$$i_C = I_{C0} + I_{c1m}\cos(\omega t) + I_{c2m}\cos(2\omega t) + \cdots + I_{cnm}\cos(n\omega t) + \cdots$$

式中，各个系数可用积分方法求得。例如

$$I_{C0} = \frac{1}{2\pi}\int_{-\theta}^{\theta} i_C \, d\omega t, \quad I_{c1m} = \frac{1}{\pi}\int_{-\theta}^{\theta} i_C \cos\omega t \, d\omega t, \cdots$$

式中，i_C 用式(4-2-10)代入。

由于 i_C 是 i_{Cmax} 和 θ 的函数，因此，它的直流分量和各次谐波也是 i_{Cmax} 和 θ 的函数，若 i_{Cmax} 固定，则只是 θ 的函数，通常表示为

$$I_{C0} = i_{Cmax}\alpha_0(\theta) \quad I_{c1m} = i_{Cmax}\alpha_1(\theta) \quad I_{c2m} = i_{Cmax}\alpha_2(\theta), \cdots \qquad (4-2-11)$$

式中，$\alpha_0(\theta)$，$\alpha_1(\theta)$，$\alpha_2(\theta)$，$\cdots$被称为尖顶余弦脉冲的分解系数，可计算出

$$\alpha_0(\theta) = \frac{\sin\theta - \theta\cos\theta}{\pi(1 - \cos\theta)}$$

$$\alpha_1(\theta) = \frac{\theta - \sin\theta\cos\theta}{\pi(1 - \cos\theta)}$$

图4.4给出了 θ 在 $0° \sim 180°$ 范围内的分解系数曲线和波形系数曲线。波形系数为

$$g_1(\theta) = \frac{\alpha_1(\theta)}{\alpha_0(\theta)} \qquad (4-2-12)$$

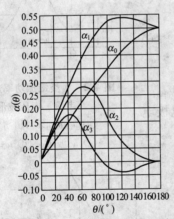 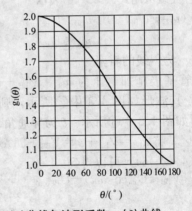

图 4.4　尖顶余弦脉冲的分解系数 $\alpha(\theta)$ 曲线与波形系数 $g_1(\theta)$ 曲线

4. 谐振功率放大器的能量关系

由于输出回路谐振在基波频率上，输出电路中的高次谐波处于失谐状态，相应的输出电压很小，因此，在谐振功率放大器中只需研究直流及基波功率。放大器的输出功率 P_o 等于集电极电流基波分量在负载 R_e 上的平均功率，即

$$P_o = \frac{1}{2} I_{c1m} U_{cm} = \frac{1}{2} I_{c1m}^2 R_e = \frac{U_{cm}^2}{2R_e} \qquad (4-2-13)$$

集电极直流电源提供的直流输入功率 P_E 为

$$P_E = I_{C0} V_{CC} \qquad (4-2-14)$$

直流输入功率 P_E 与集电极输出功率 P_o 之差为集电极耗散功率 P_C，即

$$P_C = P_E - P_o \qquad (4-2-15)$$

它是耗散在晶体管集电结上的损耗功率。

集电极效率 η_c 等于输出功率与直流输入功率的比值，即

$$\eta_c = \frac{P_o}{P_E} = \frac{1}{2} \frac{I_{c1m} U_{cm}}{I_{C0} V_{CC}} \qquad (4-2-16)$$

它是表示集电极回路能量转换的重要参数。谐振功率放大器就是要获取尽量大的 P_o 和尽量高的 η_c。

由式(4-2-16)可见，集电极效率 η_c 决定于比值 I_{c1m}/I_{C0} 与 U_{cm}/V_{CC} 的乘积，前者称为波形系数，即

$$\frac{I_{c1m}}{I_{C0}} = \frac{i_{Cmax}\alpha_1(\theta)}{i_{Cmax}\alpha_0(\theta)} = \frac{\alpha_1(\theta)}{\alpha_0(\theta)} = g_1(\theta) \qquad (4-2-17)$$

后者称为集电极电压利用系数，即

$$\xi = \frac{U_{cm}}{V_{CC}} \qquad (4-2-18)$$

因此，式(4-2-16)又可写为

$$\eta_c = \frac{1}{2} g_1(\theta)\xi \qquad (4-2-19)$$

可见，要提高 η_c，应提高输出电压幅度 U_{cm} 和增大波形系数 $g_1(\theta)$。从图 4.4 可以看出，θ 越小，$g_1(\theta)$ 越大，放大器的效率也就越高。在 $\xi=1$ 的情况下，由式(4-2-19)求得不同工作状态下放大器的效率分别为：

甲类工作状态，$\theta=180°$，$g_1(\theta)=1$，$\eta_c=50\%$；

乙类工作状态，$\theta=90°$，$g_1(\theta)=1.57$，$\eta_c=78.5\%$；

丙类工作状态，$\theta<90°$，$g_1(\theta)$ 随 θ 减小而增大，$\theta=0°$ 时，$g_1(\theta)=2$，$\eta_c=100\%$。但实际的 θ 不可能为零，因此，效率也不可能达到 100%。从图 4.4 可以看出，$\theta=60°$ 时，$g_1(\theta)=1.8$，$\eta_c=90\%$。当 $\theta<40°$ 后，继续减小 θ，波形系数的增加变得很缓慢，也就是说，θ 过小后，放大器的效率的提高就不显著了，而此时 $\alpha_1(\theta)$ 却迅速下降，为了达到一定的输出功率，所要求的输入激励信号 u_i 就要求增大，电路的安全性就会受到影响，所以，谐振功率放大器一般取 θ 为 70°左右。

【例 4.1】　在图 4.3 中，若 $U_{BE(on)}=0.6V$，$g_c=10mA/V$，$i_{Cmax}=20mA$，又 $V_{CC}=12V$，求当 θ 分别为 180°、90° 和 60° 时的输出功率和相应的基极偏压 V_{BB}，以及 $\theta=60°$ 时的集电极效率。（忽略集电极饱和压降）

【解】　由图 4.4 可知：

$$\alpha_0(60°)=0.22, \quad \alpha_1(180°)=\alpha_1(90°)=0.5, \quad \alpha_1(60°)=0.38。$$

在 $\xi=\dfrac{U_{cm}}{V_{CC}}=1$ 时，$U_{cm}=V_{CC}=12V$，所以，根据式(4-2-11)和式(4-2-13)可得以下各式：

在 $\theta=180°$（甲类工作状态）时，有

$$I_{c1m} = i_{Cmax}\alpha_1(180°) = 20mA \times 0.5mA = 10mA$$

$$P_o = \frac{1}{2} I_{c1m} U_{cm} = \left(\frac{1}{2} \times 10 \times 12\right)mW = 60mW$$

$$V_{BB} = U_{BE(on)} + \frac{i_{Cmax}}{g_c} = \left(0.6 + \frac{20}{10 \times 2}\right)V = 1.6V$$

在 $\theta = 90°$（乙类工作状态）时，有

$$I_{c1m} = i_{Cmax}\alpha_1(90°) = (20 \times 0.5)mA = 10mA$$

$$P_o = \frac{1}{2}I_{c1m}U_{cm} = \left(\frac{1}{2} \times 10 \times 12\right)mW = 60mW$$

$$V_{BB} = U_{BE(on)} = 0.6V$$

在 $\theta = 60°$ 时，有

$$I_{c1m} = i_{Cmax}\alpha_1(60°) = (20 \times 0.38)mA = 7.6mA$$

$$P_o = \frac{1}{2}I_{c1m}U_{cm} = \left(\frac{1}{2} \times 7.6 \times 12\right)mW = 45.6mW$$

$$I_{C0} = i_{Cmax}\alpha_0(60°) = (20 \times 0.22)mA = 4.4mA$$

$$\eta_c = \frac{1}{2}\frac{I_{c1m}U_{cm}}{I_{C0}V_{CC}} = \frac{1}{2} \times \frac{7.6 \times 12}{4.4 \times 12} = 0.86 = 86\%$$

由式(4-2-9)可知

$$U_{im} = \frac{i_{Cmax}}{g_c(1 - \cos\theta)}$$

故由式(4-2-8)可求得

$$V_{BB} = U_{BE(on)} - U_{im}\cos\theta = U_{BE(on)} - \frac{i_{Cmax}\cos\theta}{g_c(1 - \cos\theta)}$$

$$= \left[0.6 - \frac{20\cos60°}{10(1 - \cos60°)}\right]V = -1.4V$$

4.2.2　谐振功率放大器的工作状态分析

通过上面的分析可以看出，影响谐振功率放大器的输出功率、效率及集电极功耗的参数有输入信号幅度(U_{im})、基极偏置电压(V_{BB})、集电极偏置电压(V_{CC})以及集电极负载回路的谐振电阻(R_e)等，当改变这些参数的大小时，放大器的工作状态会产生相应变化，放大器的特性也会发生相应变化。下面将对放大器的工作状态作一具体分析。

1. 欠电压、临界和过电压工作状态

放大器的工作状态分为甲类、甲乙类、乙类和丙类等工作状态。而在丙类谐振放大器中还可根据晶体管工作是否进入饱和区，将其分为欠电压、临界和过电压工作状态。

1) 欠电压工作状态

丙类谐振功率放大器工作在欠电压状态时，晶体管工作在放大区，因此，只要 $u_{CE} > u_{BE}$（此时发射结为正向偏置，集电结为反向偏置），晶体管就会工作在放大区而不会进入饱和区。

2) 过电压工作状态

丙类谐振功率放大器工作在过电压状态时，晶体管工作在饱和区，因此，只要 $u_{CE} < u_{BE}$（此时发射结为正向偏置，集电结也是正向偏置），晶体管就工作在饱和区。

3) 临界工作状态

晶体管工作在欠电压区和过电压区之间的临界点上，刚好不进入饱和区。

放大器工作在欠电压、临界工作状态时，集电极电流为不失真的尖顶余弦脉冲。放大器工作在过电压工作状态时，集电极电流为顶部失真（产生下凹现象）的尖顶余弦脉冲信

号。但是，不管集电极电流是否出现失真，由于有谐振网络的滤波作用（例如，谐振在输入信号频率上），放大器的输出电压仍为不失真的余弦波形（与输入信号波形相同）。

2. 负载特性

负载特性是指当保持 U_{im}、V_{BB}、V_{CC} 不变而改变 R_e 时，放大器的集电极电流 I_{C0}、I_{clm}、电压 U_{cm}、输出功率 P_o、集电极功耗 P_C、电源功率 P_E 及集电极效率 η_c 随之变化的特性。由图 4.1 可知：

$$u_{CE} = V_{CC} + u_c = V_{CC} - U_{cm}\cos(\omega t) = V_{CC} - R_e I_{clm}\cos(\omega t)$$
$$u_{BE} = V_{BB} + u_i = V_{BB} + U_{im}\cos(\omega t)$$

从上面的表达式可以看出，在 U_{im}、V_{BB}、V_{CC} 不变的情况下，随着 R_e 的由小变大，会出现 $u_{CE} > U_{BE}$、$u_{CE} = U_{BE}$、$u_{CE} < U_{BE}$ 三种情况，因此，随着 R_e 的由小变大，放大器的工作状态为由欠电压状态→临界状态→过电压状态。集电极电流脉冲变化情况如图 4.5 所示。

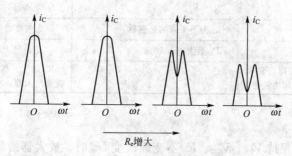

图 4.5　i_C 波形随 R_e 的变化特性

其他参数随 R_e 的变化规律如图 4.6 所示。

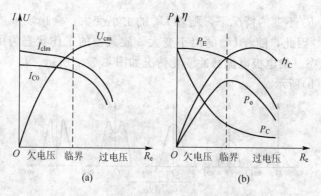

图 4.6　谐振功率放大器的负载特性

参照图 4.5 及对式（4-2-11）、式（4-2-13）、式（4-2-14）、式（4-2-16）进行定性分析，对于图 4.6 中各参数曲线随 R_e 变化的规律将很容易理解。

由负载特性可见，欠电压状态 I_{C0}、I_{clm} 基本保持不变，P_o 较小，P_C 较大，η_c 低；过电压状态，U_{cm} 基本保持不变，P_o、P_C 随 R_e 增加而下降，η_c 略有上升；临界状态，P_o 最大，η_c 较高；弱过电压状态，P_o 虽不是最大，但仍较大，且 η_c 还略有提高。由此可见，谐振功率放大器要得到大功率、高效率的输出，应工作在临界或弱过电压状态。临界状态对应的负载电阻称为临界电阻，用 R_{eopt} 表示。谐振功率放大器要匹配工作，就要保证负载

阻抗等于 R_{eopt}，因此，又称临界状态为最佳工作状态。工程上，R_{eopt} 可以根据所需输出功率 P_o 由式(4-2-20)近似确定。

$$R_{eopt} = \frac{1}{2}\frac{U_{cm}^2}{P_o} = \frac{1}{2}\frac{(V_{CC}-U_{CE(sat)})^2}{P_o} \qquad (4-2-20)$$

式中，$U_{CE(sat)}$ 是集电结饱和压降。R_{eopt} 为放大器的匹配电阻，或者说，当 R_{eopt} 与晶体管的输出阻抗相匹配时，放大器的输出功率最大、效率较高。同时，为了保证放大器的输出功率最大、效率较高，就要求负载阻抗 R_L 在谐振时通过滤波匹配网络产生的等效阻抗应等于 R_{eopt}。如何通过滤波匹配网络进行等效变换，将在4.2.3节详细介绍。

三种工作状态的比较如表4-1所示。

表4-1　三种工作状态的比较

欠电压状态	临界状态	过电压状态
$R_e < R_{eopt}$	$R_e = R_{eopt}$	$R_e > R_{eopt}$
i_C 为不失真的余弦脉冲	i_C 为不失真的余弦脉冲	i_C 为失真的尖顶余弦脉冲(顶部下凹)
P_o 小，P_C 大，η_c 低	P_o 最大，η_c 较高	η_c 高，但 P_o 小
当 $R_e = 0$ 时，$P_C = P_E$ 即直流功率全加在集电结上，会烧坏功放管	—	R_e 越大，P_o 就越小，要获得大功率，就要增大 U_{im}，功率管会因过载而烧毁

3. 放大特性

放大特性是指当保持 V_{BB}、V_{CC}、R_e 不变而改变 U_{im} 时，放大器的集电极电流 I_{C0}、I_{c1m}、电压 U_{cm}、输出功率 P_o、集电极功耗 P_C、电源功率 P_E 及集电极效率 η_c 随之变化的特性。

由式 $u_{CE} = V_{CC} + u_c = V_{CC} - U_{cm}\cos(\omega t) = V_{CC} - R_e I_{c1m}\cos(\omega t)$，$u_{BE} = V_{BB} + u_i = V_{BB} + U_{im}\cos(\omega t)$ 可知：

在 V_{BB}、V_{CC}、R_e 不变的情况下，随着 U_{im} 的由小变大，会出现 $u_{CE} > u_{BE}$、$u_{CE} = u_{BE}$、$u_{CE} < u_{BE}$ 三种情况，因此，随着 U_{im} 的由小变大，放大器的工作状态为由欠电压状态→临界状态→过电压状态。集电极电流脉冲变化情况如图4.7(a)所示。I_{C0}、I_{c1m}、U_{cm} 随 U_{im} 的变化情况如图4.7(b)所示。

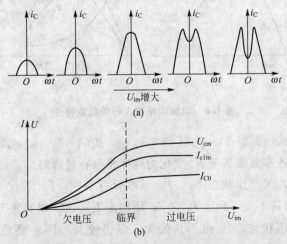

图4.7　U_{im} 对放大器工作状态的影响

(a) 集电极电流脉冲变化情况　(b) I_{C0}、I_{c1m}、U_{cm} 随 U_{im} 的变化情况

　　由图 4.7(b)可见，在欠电压区域输出电压振幅与输入电压振幅基本成正比，即电压增益近似为常数。利用这一特点可将谐振功率放大器用作电压放大器，所以也称这组曲线为放大特性曲线。

4. 基极调制特性

　　基极调制特性是指当保持 U_{im}、V_{CC}、R_e 不变而改变 V_{BB} 时，放大器的集电极电流 I_{C0}、I_{clm}、电压 U_{cm}、输出功率 P。及集电极效率 η_c 随之变化的特性。

　　由式 $u_{CE}=V_{CC}+u_c=V_{CC}-U_{cm}\cos(\omega t)=V_{CC}-R_eI_{clm}\cos(\omega t)$，$u_{BE}=V_{BB}+u_i=V_{BB}+U_{im}\cos(\omega t)$ 可知：

　　在 U_{im}、V_{CC}、R_e 不变的情况下，随着 V_{BB} 的由小变大，会出现 $U_{CE}>U_{BE}$、$U_{BE}=U_{BE}$、$U_{CE}<U_{BE}$ 三种情况，因此，随着 V_{BB} 的由小变大，放大器的工作状态为由欠电压状态→临界状态→过电压状态。集电极电流脉冲变化情况如图 4.8(a)所示。I_{C0}、I_{clm}、U_{cm} 随 V_{BB} 的变化情况如图 4.8(b)所示。

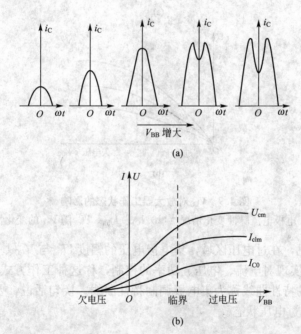

图 4.8　V_{BB} 对放大器工作状态的影响
（a）集电极电流脉冲变化情况　（b）I_{C0}、I_{clm}、U_{cm} 随 V_{BB} 的变化情况

　　由图 4.8(b)可见，在欠电压区域，集电极电压的幅度 U_{cm} 与 V_{BB} 基本成正比，利用这一特点，可控制 V_{BB} 实现对电流、电压、功率的控制，称这种工作方式为基极调制，所以把图 4.8(b)所示的特性曲线称为基极调制特性曲线。换句话说，要实现基极调制，必须使放大器工作在欠电压状态。

5. 集电极调制特性

　　集电极调制特性是指当保持 U_{im}、V_{BB}、R_e 不变而改变 V_{CC} 时，放大器的集电极电流 I_{C0}、I_{clm}、电压 U_{cm}、输出功率 P。及集电极效率 η_c 随之变化的特性。

　　由式 $u_{CE}=V_{CC}+u_c=V_{CC}-U_{cm}\cos(\omega t)=V_{CC}-R_eI_{clm}\cos(\omega t)$，$u_{BE}=V_{BB}+u_i=V_{BB}+$

$U_{im}\cos(\omega t)$可知：

在U_{im}、V_{BB}、R_e不变的情况下，随着V_{CC}的由小变大，会出现$u_{CE}<u_{BE}$、$u_{CE}=u_{BE}$、$u_{CE}>u_{BE}$三种情况，因此，随着V_{CC}的由小变大，放大器的工作状态为由过电压状态→临界状态→欠电压状态。集电极电流脉冲变化情况如图 4.9(a)所示。I_{C0}、I_{clm}、U_{cm}随V_{CC}的变化情况如图 4.9(b)所示。

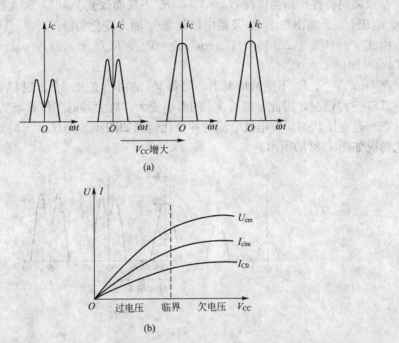

图 4.9 V_{CC}对放大器工作状态的影响

(a) 集电极电流脉冲变化情况　(b) I_{C0}、I_{clm}、U_{cm}随V_{CC}的变化情况

由图 4.9(b)可见，在过电压区域，集电极电压的幅度U_{cm}与V_{CC}基本成正比，利用这一特点，可控制V_{CC}实现对电流、电压、功率的控制，称这种工作方式为集电极调制，所以把图 4.9(b)所示的特性曲线称为集电极调制特性曲线。换句话说，要实现集电极调制，必须使放大器工作在过电压状态。

4.2.3 谐振功率放大器电路

在 4.2.1 节中分析了谐振功率放大器的基本原理电路，但实际的谐振功率放大器电路，往往要比原理电路复杂得多。谐振功率放大器电路通常包括直流馈电电路(包括集电极馈电和基极馈电)和滤波匹配网络(包括输入滤波匹配网络和输出滤波匹配网络)，由于工作频率及使用场合的不同，电路组成形式也各不相同，现对常用电路组成形式进行讨论。

1. 直流馈电电路

1) 集电极直流馈电电路

集电极馈电可分为两种形式，一种为串联馈电(简称串馈)，一种为并联馈电(简称并馈)。

(1) 串联馈电。指直流电源V_{CC}、集电极谐振回路负载(滤波匹配网络)和晶体管集电极(c)、发射极(e)三者在电路连接形式上为串联连接的一种馈电方式，如图 4.10(a)所示。

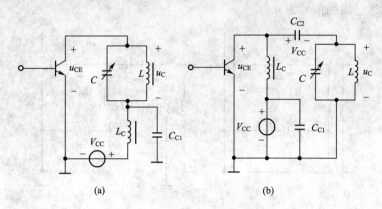

图 4.10　集电极直流馈电电路

(a) 串联馈电形式　　(b) 并联馈电形式

图中 L_C 为高频扼流圈，在信号频率上的感抗很大，接近开路，对高频信号具有"抑制"作用。C_{C1} 为旁路电容，对高频具有短路作用，它与 L_C 构成电源滤波电路，用以避免信号电流通过直流电源而产生级间反馈，造成工作不稳定。L、C 为回路元件，它们谐振在信号频率上，对信号频率呈高阻抗。

需要指出的是，在串联馈电形式中，直流电源只能接在高频地电位，以避免直流电源对地的分布电容对回路产生影响。同样道理，如果需要测量电流，电流表也只能串接在高频地电位，以避免电流表对地的分布电容对谐振回路产生影响。

(2) 并联馈电。如果把上述三部分并联在一起，如图 4.10(b)所示，称为并联馈电。

图中 L_C 为高频扼流圈，在信号频率上的感抗很大，接近开路，对高频信号具有"抑制"作用。C_{C1} 为旁路电容，C_{C2} 为隔直电容，对信号频率短路，对直流开路，防止直流电源通过 L 对地短路。

需要指出的是，L_C 感抗的大小，是相对谐振电阻 R_e 而言的。因为在信号频率上，L_C 和 R_e 是并联的，当满足 $\omega L_C \ll R_e$ 时，则认为集电极电流中的基波分量只通过谐振回路。同样道理，$\dfrac{1}{\omega C_{C1}}$ 的大小也是相对 R_e 而言的，应满足 $\dfrac{1}{\omega C_{C1}} \ll R_e$。

串馈与并馈这两种馈电方式各有其特点。对于串馈，主要优点是线路简单，馈电元件处于高频地电位，分布电容不影响回路的谐振频率；主要缺点是谐振回路处于直流高电位，回路不能直接接地，调整不方便，维护使用不安全。对于并馈，其谐振回路两端均处于直流地电位，因而调整起来安全方便，这是它的优点；缺点是馈电线路元件 L_C、C_{C1} 处于高频高电位，因而分布电容直接影响谐振回路的谐振频率。

2) 基极直流馈电电路

要使放大器工作在丙类，功率管基极应加反向偏压或加小于导通电压 $u_{BE(on)}$ 的正向偏压。基极馈电电路原则上和集电极馈电电路相同，也有串联馈电与并联馈电之分。基极串联馈电是指偏置电压 V_{BB}、输入信号源 u_i 及管子基极(b)、发射极(e)三者在电路形式上为串联连接的一种馈电方式，而在电路形式上为并联连接的则称为并联馈电。

(1) 串联馈电。串联馈电如图 4.11(a)所示。图中 C_{B2} 为滤波旁路电容。由图可见，

V_{BB}、u_i、晶体管 b、e 三者为串联连接，基极电流中的直流分量 I_{B0} 只流过偏置电压 V_{BB}，而基波分量只通过激励信号源 u_i。

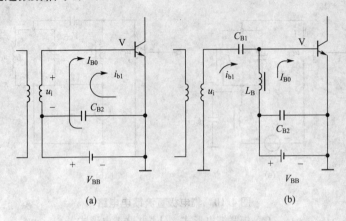

图 4.11 集电极直流馈电电路

(a) 串联馈电形式　(b) 并联馈电形式

(2) 并联馈电。基极并联馈电电路如图 4.11(b) 所示。图中，L_B 为基极高频扼流圈，C_{B1}、C_{B2} 为耦合、旁路电容。由图可见，输入回路、V_{BB}、晶体管输入端三者相并联；基极电流的基波分量只能通过激励信号源 u_i，基极电流中的直流分量 I_{B0} 只流过偏置电压 V_{BB}。

基极偏置电压可采用集电极直流电源经电阻分压后供给，也可采用自给偏压电路来获得，其中采用 V_{CC} 分压后供给，只能提供小的正向基极偏压，而由下面的讨论可知，自给偏压只能提供反向偏压。

V_{CC} 分压后供给电路如图 4.12(a)、图 4.12(b) 所示。调节 R_1、R_2 的数值，可改变偏压值的大小。应当注意，电阻数值应尽量选大一些，以减小分压电阻的损耗。

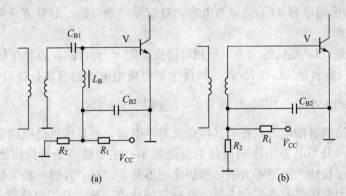

图 4.12 分压式基极偏置电路

基极自给偏置电路如图 4.13(a)、(b) 所示。发射极自给偏置电路如图 4.14 所示，零偏压电路如图 4.13(b) 所示。

自给偏置电路提供的偏压数值，会随输入信号幅度 u_{im} 的变化而变化。若 u_{im} 增大，I_{B0}、I_{E0} 增大，负偏压亦增大，这种效应称为自给偏置效应。自给偏置效应能使放大器工作状态变化小，因而能够自动维持放大器的工作稳定。这一特点，对于要求输出电压稳定（如用于放大载波或调频波）的放大器来说是有利的，但对于要求具有线性放大特性（如用于调

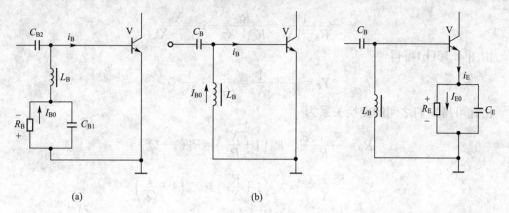

（a）　　　　　　　　　　　　　　　（b）

图 4.13　基极自给偏置电路　　　　　　图 4.14　发射极自给偏置电路

幅波)的放大器来说则是不利的。

2. 滤波匹配网络

为了使谐振功率放大器的输入端能够从信号源或前级功率放大器获得较大的有效功率，输出端能向负载输出不失真的最大功率或满足后级功率放大器的要求，在谐振功率放大器的输入和输出端必须加上匹配网络。如果谐振功率放大器的负载是下级放大器的输入阻抗，应采用"输入匹配网络"或"级间耦合网络"；如果谐振功率放大器的负载是天线或其他终端负载，应采用"输出匹配网络"。对输入匹配网络与输出匹配网络的要求略有不同，但基本设计方法相同，这里主要讨论输出匹配网络。

对输出匹配网络的主要要求是：

（1）匹配网络应有选频作用，充分滤除不需要的直流和谐波分量，以保证外接负载上仅输出高频基波。

（2）匹配网络还应具有阻抗变换作用，即把实际负载 R_L 的阻抗转变为纯阻性，且其数值应等于谐振功率放大器所要求的最佳负载电阻值，以保证放大器工作在所设计的状态。若要求大功率、高效率输出，则应工作在临界状态，因此需将外接负载变换成临界负载电阻 R_{eopt}。

（3）匹配网络应能将功率管给出的信号功率高效率地传送到外接负载 R_L 上，即要求匹配网络的效率高。匹配网络本身固有损耗应尽可能的小。

（4）在有多个电子器件同时输出功率的情况下，应保证它们都能有效地传送功率给公共负载，同时又要尽可能地使这几个电子器件彼此隔离，互不影响。

在谐振功率放大器中，常用的匹配网络有 L 形、Ⅱ 形、T 形以及由它们组成的多级网络。下面将它们的阻抗变换特性进行分析。

1）串并联阻抗变换公式

若需将一个由电抗和电阻接成的串联支路转换为等效的并联支路或将并联支路转换为等效的串联支路(见图4.15)，则根据等效的原理，令两者的端导纳相等。

由图 4.15(a)可得

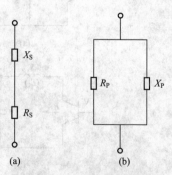

（a）　　　　　（b）

图 4.15　串并联电路阻抗变换

（a）串联电路　（b）并联电路

$$Y_S = \frac{1}{R_S + jX_S} = \frac{R_S}{R_S^2 + X_S^2} - j\frac{X_S}{R_S^2 + X_S^2}$$

由图 4.15(b)可得

$$Y_P = \frac{1}{R_P} + \frac{1}{jX_P} = \frac{1}{R_P} - j\frac{1}{X_P}$$

由此可得它们之间的变换关系为

$$R_P = \frac{R_S^2 + X_S^2}{R_S} = R_S\left(1 + \frac{X_S^2}{R_S^2}\right) = R_S(1 + Q_e^2)$$

$$X_P = \frac{R_S^2 + X_S^2}{X_S} = X_S\left(1 + \frac{R_S^2}{X_S^2}\right) = X_S\left(1 + \frac{1}{Q_e^2}\right)$$

式中，$Q_e = \dfrac{X_S}{R_S} = \dfrac{R_P}{X_P}$。

反之，可得出并联阻抗变换为串联阻抗的关系式为

$$R_S = \frac{X_P^2}{R_P^2 + X_P^2}R_P = \frac{1}{1 + Q_e^2}R_P$$

$$X_S = \frac{R_P^2}{R_P^2 + X_P^2}X_P = \frac{1}{1 + \dfrac{1}{Q_e^2}}X_P$$

通过上述分析可知，当 Q_e 取定后，将串联支路转换为并联支路时，并联支路的等效电阻和等效电抗恒大于串联支路的电阻和电抗。反之，将并联支路转换为串联支路时，串联支路的等效电阻和等效电抗恒小于并联支路的电阻和电抗。

2) L 形网络

所谓 L 形网络是指两个异性电抗支路连接成"L"形结构的匹配网络，它是最简单的阻抗变换电路。有两种基本形式，相应的常用电路分别如图 4.16(a)和图 4.16(b)所示。

对于图 4.16(a)所示的电路而言，先将它的 $X_2(L_2)$ 和 R_L 的串联支路转化为 $X_P(L_P)$ 和 R_P 的并联支路，如图 4.16(c)所示。根据串并联阻抗变换公式，可知

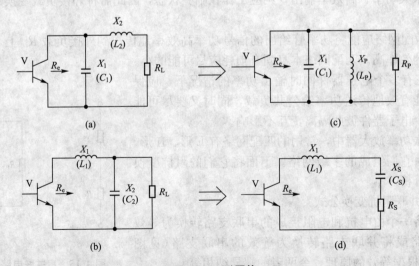

图 4.16　L 形网络

$$R_{\mathrm{P}}=R_{\mathrm{L}}(1+Q_{\mathrm{e}}^2)$$

$$L_{\mathrm{P}}=L_2\left(1+\frac{1}{Q_{\mathrm{e}}^2}\right) \quad\quad\quad (4-2-21)$$

$$Q_{\mathrm{e}}=\frac{X_2}{R_{\mathrm{L}}}=\frac{\omega L_2}{R_{\mathrm{L}}}$$

在工作频率上，图 4.16(c)所示的并联回路谐振，$X_1+X_{\mathrm{P}}=0$，即 $\omega L_{\mathrm{P}}-\dfrac{1}{\omega C_1}=0$，回路等效为纯电阻 R_{P}，该等效电阻呈现在晶体管两端，谐振电阻为 R_{e}，即

$$R_{\mathrm{e}}=R_{\mathrm{P}}=R_{\mathrm{L}}(1+Q_{\mathrm{e}}^2) \quad\quad\quad (4-2-22)$$

由于 Q_{e} 恒为正值，因而由式(4-2-22)可知，$R_{\mathrm{e}}=R_{\mathrm{P}}>R_{\mathrm{L}}$，所以，这种结构只适用于 $R_{\mathrm{e}}>R_{\mathrm{L}}$ 的匹配情况。也就是说，这种结构只能用于由低到高的阻抗变换。

在已知 R_{e}、R_{L} 的情况下，即可求出回路的品质因数 Q_{e} 及图 4.16(a)所示的电路中各元件参数：

$$Q_{\mathrm{e}}=\sqrt{\frac{R_{\mathrm{e}}}{R_{\mathrm{L}}}-1}$$

$$|X_2|=Q_{\mathrm{e}}R_{\mathrm{L}}=\sqrt{R_{\mathrm{L}}(R_{\mathrm{e}}-R_{\mathrm{L}})} \quad\quad\quad (4-2-23)$$

$$|X_1|=|X_{\mathrm{P}}|=\frac{R_{\mathrm{e}}}{Q_{\mathrm{e}}}=R_{\mathrm{e}}\sqrt{\frac{R_{\mathrm{L}}}{R_{\mathrm{e}}-R_{\mathrm{L}}}}$$

同理，对于图 4.16(b)所示的电路而言，先将它的 $X_2(C_2)$ 和 R_{L} 的并联支路转化为 X_{S}(C_{S}) 和 R_{S} 的串联支路，如图 4.16(d)所示。根据串并联阻抗变换公式，可知：

$$R_{\mathrm{S}}=R_{\mathrm{L}}\frac{1}{(1+Q_{\mathrm{e}}^2)}$$

$$C_{\mathrm{S}}=C_2\left(1+\frac{1}{Q_{\mathrm{e}}^2}\right) \qu\quad\quad\quad (4-2-24)$$

$$Q_{\mathrm{e}}=\frac{X_2}{1/R_{\mathrm{L}}}=\omega C_2 R_{\mathrm{L}}$$

在工作频率上，图 4.16(d)所示的串联回路谐振，$X_1+X_{\mathrm{s}}=0$，即 $\omega L_1-\dfrac{1}{\omega C_{\mathrm{s}}}=0$，回路等效为纯电阻 R_{s}，该等效电阻呈现在晶体管两端，谐振电阻为 R_{e}，即

$$R_{\mathrm{e}}=R_{\mathrm{s}}=\frac{1}{(1+Q_{\mathrm{e}}^2)}R_{\mathrm{L}} \qu\quad\quad (4-2-25)$$

由于 Q_{e} 恒为正值，因而由式(4-2-25)可知，$R_{\mathrm{e}}=R_{\mathrm{s}}<R_{\mathrm{L}}$，所以，这种结构只适用于 $R_{\mathrm{e}}<R_{\mathrm{L}}$ 的匹配情况。也就是说，这种结构只能用于由高到低的阻抗变换。

在已知 R_{e}、R_{L} 的情况下，即可求出回路的品质因数 Q_{e} 及图 4.16(b)所示的电路中各元件参数

$$Q_{\mathrm{e}}=\sqrt{\frac{R_{\mathrm{L}}}{R_{\mathrm{e}}}-1}$$

$$|X_2|=\frac{R_{\mathrm{L}}}{Q_{\mathrm{e}}}=R_{\mathrm{L}}\sqrt{\frac{R_{\mathrm{e}}}{(R_{\mathrm{L}}-R_{\mathrm{e}})}} \qu\quad (4-2-26)$$

$$|X_1|=|X_{\mathrm{S}}|=Q_{\mathrm{e}}R_{\mathrm{e}}=\sqrt{R_{\mathrm{e}}(R_{\mathrm{L}}-R_{\mathrm{e}})}$$

L 形网络的优点是结构简单，但是，当 R_{e} 和 R_{L} 给定后，Q_{e} 值也就完全确定了，不

能再进行调整。因此，这种网络只能实现阻抗变换，而无法兼顾滤波特性和回路效率。

3）Ⅱ形网络和 T 形网络

L 形滤波匹配网络阻抗变换前后的电阻值相差 $(1+Q_e^2)$ 倍$\left(\text{或} \dfrac{1}{(1+Q_e^2)} \text{倍}\right)$，但是，如果给定的 R_e 和 R_L 相差很小时，根据式(4-2-23)和式(4-2-26)可知，此时回路的品质因数 Q_e 值会很小，Q_e 值越小，回路的滤波特性就越差。为了克服这一缺点，可以采用Ⅱ形网络和 T 形网络来实现其阻抗变换。

所谓Ⅱ形网络是指三个电抗支路(其中两个电抗支路是同性电抗，另一个支路是异性电抗)接成"Ⅱ"形结构的匹配网络，如图 4.17 所示。

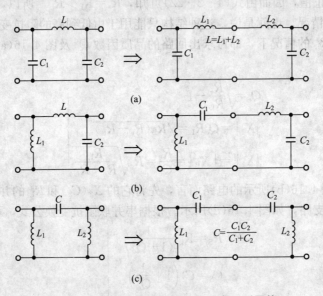

图 4.17　几种Ⅱ形网络分解为两个 L 形网络

由图 4.17 可见，实际上Ⅱ形网络的各种实现电路都可看成由两个串联的 L 形网络组成。但是，分解时必须注意每个 L 形网络的串联臂和并联臂的电抗应是异性的。因此，凡是Ⅱ形网络的两个并联臂电抗是同性的，则串联臂电抗应分割为两个同性的电抗，如图 4.17(a)、(c)所示；凡是Ⅱ形网络的两个并联臂电抗是异性的，则串联臂电抗应分割为两个异性的电抗，如图 4.17(b)所示。

以图 4.17(a)为例，Ⅱ形网络分割后组成两个 L 形网络，L_2 和 C_2 构成由高到低的阻抗变换网络，L_1 和 C_1 构成由低到高的阻抗变换网络，恰当选择两个 L 形网络的 Q 值，就可以兼顾到滤波和阻抗匹配的要求。

所谓 T 形网络是指三个电抗支路(其中两个电抗支路是同性电抗，另一个支路是异性电抗)接成"T"形结构的匹配网络。它的一般形式如图 4.18 (a)所示。

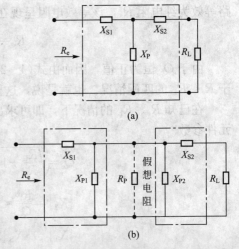

图 4.18　T 形网络分解为两个 L 形网络

和 Ⅱ 形网络一样，同样可以将它看成为由两个串联的 L 形网络组成，如图 4.18（b）所示。但是，分解时必须注意到这两个 L 形网络的串联臂和并联臂的电抗应是异性的。因此，凡是 T 形网络的两个串联臂电抗 X_{S1} 和 X_{S2} 是同性的，则 X_P 应分割为两个同性的电抗；凡是 T 形网络的两个串联臂电抗 X_{S1} 和 X_{S2} 是异性的，则 X_P 应分割为两个异性的电抗。

　　4）谐振功率放大器的实用电路

　　采用不同的馈电电路和匹配网络，可以构成谐振功率放大器的各种实用电路。

　　图 4.19 是工作频率为 160MHz 的谐振功率放大电路，它向 50Ω 外接负载提供 13W 功率，功率增益达到 9dB。电路基极采用自给偏置电路，由高频扼流圈 L_B 中的直流电阻产生很小的反向偏置电压。集电极采用并馈电路，L_C 为高频扼流圈，C_C 为旁路电容。在放大器的输入端采用 T 形匹配网络，调节 C_1 和 C_2，使该滤波匹配网络谐振在工作频率上，并将功率管的输入阻抗变换为前级放大器所要求的 50Ω 匹配电阻。放大器的输出端采用 L 形匹配网络，通过调节 C_3 和 C_4，使该滤波匹配网络谐振在工作频率上，并将 50Ω 外接负载电阻变换为放大管所要求的匹配阻抗。

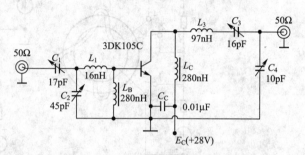

图 4.19　160MHz 谐振功率放大电路

4.2.4　非谐振功率放大器宽频带功率合成

　　谐振功率放大器的主要优点是效率高，其主要缺点是调谐烦琐，当要改变工作频率时，必须改变其滤波匹配网络的谐振频率，这在现代通信中的多频道通信系统和相对带宽较宽的高频设备中就不适用了。对于要求工作于多个频道，快速换频的发射机、电子对抗系统等设备，必须采用无须人工调节工作频率的宽频带高频功率放大器。

　　显然，宽频带高频功率放大器中不再用选频网络作为滤波匹配网络，而是选用宽频带变压器作为输入、输出、级间耦合电路，并实现阻抗匹配。其中，最常见的是用传输线变压器作为匹配网络。由于无选频滤波性能，所以宽带高频功率放大器一般工作在甲类状态，不能工作在丙类状态。同时，为了减小失真，应避免让功放管工作时接近截止或饱和状态。因此，宽带高频功率放大器的效率较低，输出功率小。为了获得大的功率输出，通常采用功率合成技术来提高功率输出。

　　1. 传输线变压器的特性及其应用

　　1）宽频带特性

　　普通变压器上、下限频率的扩展方法是相互制约，相互矛盾的。为了扩展下限频率，就需要增大一次侧线圈电感量，使其在低频段也能取得较大的输入阻抗，例如采用高磁导率的高频磁心和增加一次侧线圈的匝数，但这样做将使变压器的漏感和分布电容增大，降低了上限频率。为了扩展上限频率，就需要减小漏感和分布电容，减小高频功耗，例如采用低磁导率的高频磁心和减少线圈的匝数，但这样做又会使下限频率提高。

　　传输线变压器是基于传输线原理和变压器原理二者相结合而产生的一种耦合器件。它是将传输线（双绞线、带状线或同轴线等）绕在高磁导率的高频磁心上构成的，以传输线方式与变压器方式同时进行能量传输。

图 4.20(a)所示为 1∶1 传输线变压器的结构示意图，它是由两根等长的导线紧靠在一起并绕在磁环上构成的。用虚线表示的导线 1 端接信号源，2 端接地。用实线表示的另一根导线 3 端接地，4 端接负载。图 4.20(b)所示为以传输线方式工作的电路形式，图 4.20(c)所示为以普通变压器方式工作的电路形式。为了便于比较，它们的一次侧、二次侧都有一端接地。

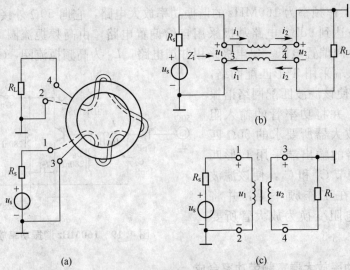

4.20　传输线变压器的结构和工作原理

(a) 结构示意图　(b) 传输线电路　(c) 普通变压器电路

在以传输线方式工作时，信号从 1、3 端输入，2、4 端输出。如果信号的波长与传输线的长度可以相比拟，两根导线固有的分布电感和相互间的分布电容就构成了传输线的分布参数等效电路。若传输线是无损耗的，则传输线的特性阻抗为

$$Z_C = \sqrt{\frac{2(L_0 - M_0)}{C_0}}$$

式中，L_0、M_0、C_0 分别是两导线单位长度的电感量、互感量和电容量。

若 Z_C 与负载电阻 R_L 相等，则称为传输线终端匹配。

在无耗、匹配情况下，若传输线长度 l 与工作波长 λ 相比足够小（$l < \lambda_{min}/8$）时，可以认为传输线上任何位置处的电压或电流的振幅均相等，且输入阻抗 $Z_i = Z_C = R_L$，故为 1∶1 变压器。可见，此时负载上得到的功率与输入功率相等且不因频率的变化而变化。

在以变压器方式工作时，信号从 1、2 端输入，3、4 端输出。由于输入、输出线圈长度相同，从图 4.20(c)图可见，这是一个 1∶1 反相变压器。

当工作在低频段时，由于信号波长远大于传输线长度，分布参数很小，可以忽略，故变压器方式起主要作用。由于磁心的磁导率高，因此虽传输线较短也能获得足够大的一次侧电感量，保证了传输线变压器的低频特性较好。

当工作在高频段时，传输线起主要作用，在无耗且匹配的情况下，上限频率将不受漏感、分布电容、高磁导率磁心的限制。其上限频率取决于传输线长度，长度越短，上限频率越高。

由以上分析可知，传输线变压器具有良好的宽频带特性。

2) 传输线变压器的功能

传输线变压器除了可以实现 1：1 倒相作用以外，还可以实现 1：1 平衡和不平衡电路的转换。

图 4.21(a)为将不平衡输入转化为平衡输出的电路；图 4.21(b)为将平衡输入转化为不平衡输出的电路。在此两种情况下，两个绕组上的电压值均为 $U/2$。

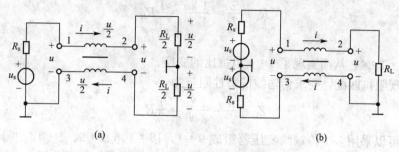

(a)　　　　　　　　(b)

图 4.21　1：1 平衡和不平衡转换电路

传输线变压器的另一个主要功能是实现阻抗变换。但是，由于传输线变压器结构的限制，它还只能实现某些特定阻抗比的变换，而不像普通变压器那样，依靠改变一次侧、二次侧绕组的匝数实现任何阻抗比的变换。

用传输线变压器构成阻抗变换器，最常用的是 4：1 和 1：4 阻抗变换器。

图 4.22 为 4：1 阻抗变换器。若设负载 R_L 上的电压为 u，由图可见，传输线终端 2、4 和始端 1、3 的电压也均为 u，则 l 端对地输入电压等于 $2u$。如果信号源提供的电流为 i，则流过传输线变压器上、下两个线圈的电流也为 i，由图 4.22 可知，通过负载 R_L 的电流为 $2i$，因此可得

$$R_L = \frac{u}{2i}$$

而信号源端呈现的输入阻抗为

$$R_i = \frac{u}{2i} = \frac{1}{4}\frac{2u}{i} = \frac{1}{4}R_L$$

可见，$R_i : R_L = 4 : 1$，从而实现了 4：1 阻抗比的变换。

为了实现阻抗匹配，要求传输线的特性阻抗为

$$Z_C = \frac{u}{i} = 2\frac{u}{2i} = 2R_L$$

如果将传输线变压器按图 4.23 接线(其实，将图 4.22 的 2、4 端接信号源，1、3 端接负载即可)则可实现 1：4 的阻抗变换。

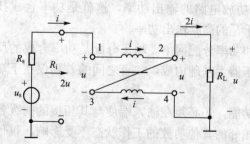

图 4.22　4：1 传输线变压器

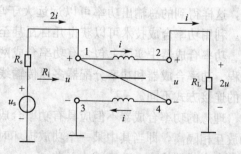

图 4.23　1：4 传输线变压器

由图可知

$$R_{\mathrm{L}} = \frac{2u}{i}$$

信号输入端呈现的阻抗为

$$R_{\mathrm{L}} = \frac{u}{2i} = \frac{1}{4}\frac{2u}{i} = \frac{1}{2}R_{\mathrm{L}}$$

可见

$R_{\mathrm{i}} : R_{\mathrm{L}} = 1 : 4$，从而实现了 $1 : 4$ 阻抗比的变换。

为了实现阻抗匹配，要求传输线的特性阻抗为

$$Z_{\mathrm{C}} = \frac{u}{i} = \frac{1}{2}\frac{2u}{i} = \frac{1}{2}R_{\mathrm{L}}$$

同理，可以采用多个传输线变压器组成 $9 : 1$、$16 : 1$ 或 $1 : 9$、$1 : 16$，图 4.24(a) 为 $9 : 1$ 传输线变压器，图 4.24(b) 为 $16 : 1$ 传输线变压器，请读者自己分析。

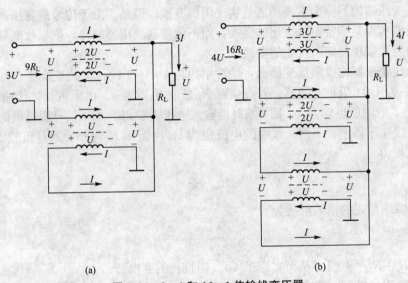

(a)　　　　　　　　　　　　　　(b)

图 4.24　9 : 1 和 16 : 1 传输线变压器

(a) 9 : 1　(b) 16 : 1

2. 功率合成

利用多个功率放大电路同时对输入信号进行放大，然后设法将各个功放的输出信号相加，这样得到的总输出功率可以远远大于单个功放电路的输出功率，这就是功率合成技术。利用功率合成技术可以获得几百瓦甚至上千瓦的高频输出功率。

功率合成器中实际上包含有功率合成网络和功率分配网络。功率分配是功率合成的反过程。功率合成器和功率分配器多以传输线变压器为基础构成，二者之间的差别仅在于端口的连接方式不同。

理想的功率合成器不但应具有功率合成的功能，还必须在输入端使与其相接的前级各功放互相隔离，即当其中某一个功放损坏时，相邻的其他功放的工作状态不受影响，仅仅使功率合成器输出总功率减小一些。

图 4.25 给出了功率合成器原理框图。

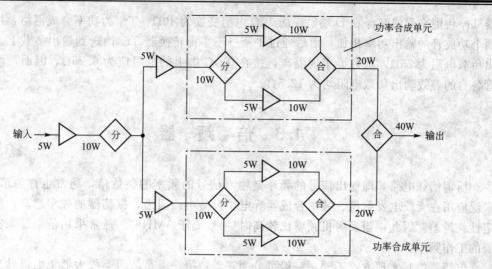

图 4.25　功率合成器原理框图

由图可见，采用六个功率增益为 2，最大输出功率为 10W 的高频功放，利用功率合成技术，可以获得 40W 的功率输出。其中采用了三个一分为二的功率分配器和三个二合一的功率合成器。功率分配器的作用在于将前级功放的输出功率平分为若干份，然后分别提供给后级若干个功放电路。

利用传输线变压器可以组成各种类型的功率分配器和功率合成器，且具有频带宽、结构简单、插入损耗小等优点，然后可进一步组成宽频带大功率高频功放电路。

3. 宽频带功率合成电路

图 4.26 所示为功率合成电路，这是一个反相功率合成原理电路。图中，T_{r3} 和 T_{r4} 为混合网络，其中，T_{r3} 为功率分配网络，将输入信号源提供的功率反相的均等分配给功放管 T_1 和 T_2，使这两个功放管输出反相等值电流。若输入信号源要求的匹配电阻为 40Ω，而两个功放管的输入电阻各为 5Ω，则必须通过平衡→不平衡转换器 T_{r2} 和 4：1 阻抗变换

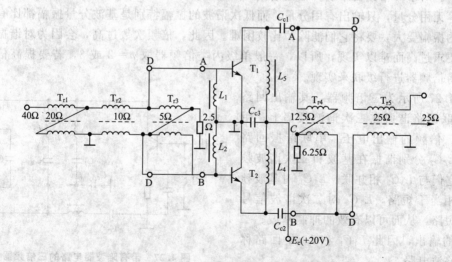

图 4.26　反相功率合成放大电路

器 Tr_1 将混合网络 Tr_3 在 D 端呈现的 10Ω 电阻变换为 40Ω。Tr_4 为功率合成网络，用来将两个功放管的输出功率相加，而后通过平衡→不平衡转换器 Tr_4 馈送到输出负载上。若输出负载电阻为 25Ω，则为了实现隔离，接在 Tr_4C 端上的电阻应为 6.25Ω，因而，两功放管各自的等效输出负载电阻均为 12.5Ω。

4.3 倍 频 器

所谓倍频电路，即输出信号的频率是输入信号的频率的整数倍，通常也称为倍频器，广泛应用在无线电发射机、频率合成器等电子设备中。因为，振荡器的频率越高，频率稳定性就越差。因此，当发射机频率比较高时(一般高于 5MHz)，通常采用倍频器来实现所需的工作频率。

倍频器按其实现方式不同，一般可分为三类：第一类是从丙类放大器集电极脉冲电流谐波中利用选频的方法获得倍频信号；第二类是采用模拟乘法器实现倍频。第三类是参量倍频器，它是利用 PN 结的结电容与电压的关系，得到输入信号的谐波，然后经选频回路获得倍频信号。

4.3.1 丙类倍频器

当工作频率不超过几十兆赫时，主要采用丙类谐振放大器构成的丙类倍频器。

由谐振功率放大器的分析已经知道，在丙类工作状态，晶体管集电极电流脉冲含有丰富的谐波分量，如果把集电极谐振回路调谐在二次或三次谐波频率上，那么放大器只有二次谐波电压或三次谐波电压输出，这样谐振功率放大器就成了二倍频器或三倍频器。通常丙类倍频器工作在欠电压或临界工作状态。

由于集电极电流中的谐波分量的振幅总是小于基波分量的振幅，而且谐波次数越高，对应的谐波分量的振幅也就越小。因此倍频器的输出功率和效率总是小于基波放大器的功率和效率。对于 n 倍频器来说，输出谐振回路需要滤除高于 n 次谐波和低于 n 次谐波的各次谐波等无用分量，只输出有用分量，而低次谐波的振幅特别是基波分量振幅都比有用谐波分量的振幅要大，要将它们滤除掉比较困难。因此，倍频次数过高，会因为对谐振回路提出的要求过高而难以实现，所以，一般单级丙类倍频器取 $n=2$ 或 3，若要提高倍频次数，可将倍频器进行级联来实现。

图 4.27 所示为三倍频器，其输出回路 L_3C_3 并联回路谐振在三次谐波频率上，用以获得三倍频的输出电压。串联谐振回路 L_1C_1、L_2C_2 分别谐振在基波和二次谐波频率上，它们与 L_3C_3 相并联。L_1C_1 对基波频率信号相当于短路，L_2C_2 对二次谐波信号相当于短路，从而可以有效的抑制基波、二次谐波的输出，因此 L_1C_1 和 L_2C_2 回路称为串联陷波电路。

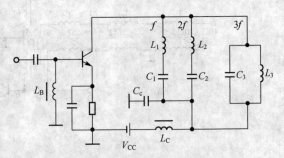

图 4.27 带有陷波器电路的三倍频器

4.3.2　参量倍频器

当工作频率高于 100MHz 时，通常采用参量倍频器。目前常用的是采用变容二极管电路作参量倍频器。

1. 变容二极管的特性及原理

变容二极管是利用 PN 结势垒电容的一种非线性电容器件，变容二极管工作时应处于反向偏置状态，结电容 C_j 与外加电压之间的关系为

$$C_j = \frac{C_{j0}}{\left(1 - \dfrac{u}{U_D}\right)^\gamma}$$

式中，C_{j0} 为 $u=0$ 时的结电容；U_D 为 PN 结势垒电位差，常温时，硅管 $U_D = 0.6 \sim 0.8\text{V}$，锗管 $U_D = 0.2 \sim 0.3\text{V}$；$\gamma$ 为变容指数，它取决与 PN 结的工艺结构，一般在 $\dfrac{1}{3} \sim 6$ 之间。

图 4.28(a) 为 C_j 与外加电压 u 的关系曲线。图 4.28(b) 为变容二极管的电路符号。变容二极管的等效电路如图 4.29 所示，C_j 是结电容，r_s 为串联电阻。

若变容二极管两端加上反向偏压 U_Q 及正弦波电压 $u_\Omega = U_{\Omega m}\sin(\omega t)$，如图 4.30 所示。则

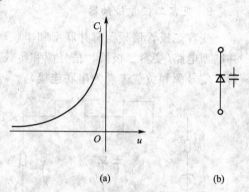

图 4.28　变容二极管的特性及符号

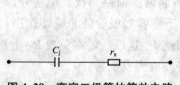

图 4.29　变容二极管的等效电路

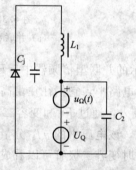

图 4.30　变容二极管的接入电路

$u = -(U_Q + u_\Omega) = -(U_Q + U_{\Omega m}\sin\omega t)$ 相应的变容二极管的结电容变化规律为

$$C_j = \frac{C_{j0}}{\left(1 - \dfrac{u}{U_D}\right)^\gamma} = \frac{C_{jQ}}{[1 + m\sin(\omega t)]^\gamma}$$

式中：

$$m = \frac{U_{\Omega m}}{U_D + U_Q};$$

$C_{jQ} = \dfrac{C_{j0}}{\left(1 + \dfrac{U_Q}{U_D}\right)^\gamma}$，为变容二极管在静态工作点上的结电容大小。

流过变容二极管的电流与电容量、电压的关系为

$$i = C_j \frac{du}{dt}$$

式中

$$\frac{du}{dt} = \frac{d[U_Q + U_{\Omega m} \sin(\omega t)]}{dt} = U_{\Omega m} \omega \cos(\omega t)$$

所以

$$i = -C_j \frac{du}{dt} = \frac{C_{jQ} U_{\Omega m} \omega \cos(\omega t)}{[1 + m \sin(\omega t)]^\gamma}$$

从上式可以看出，流过变容二极管的电流 i 为非正弦周期电流，其中包含有丰富的谐波分量，通过选频滤波网络，可获得所要的倍频信号。

2. 变容二极管倍频器

变容二极管倍频器有并联型和串联型两种基本形式。如图 4.31 所示，其中，图(a)是并联型电路(变容二极管、信号源和负载三者为并联连接)，图(b)是串联型电路(变容二极管、信号源和负载三者为串联连接)。

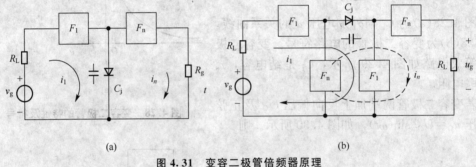

图 4.31　变容二极管倍频器原理
(a) 并联型倍频器　(b) 串联型倍频器

图(a)所示的并联型倍频器中，F_1 和 F_n 分别为调谐于基波和 n 次谐波的理想带通滤波器，在实际电路中，它们往往由高 Q 值的串联谐振回路构成：由信号源 u_g 产生频率为 f_1 的正弦电流 i_1，通过 F_1 和变容二极管，由于变容二极管的非线性作用，其两端电压产生较大的畸变，该电压中的 nf_1 分量经谐振回路 F_n 选取后，在负载 R_L 上便可获得 n 倍频信号输出。这时变容二极管可以看成是一个谐波电压发生器。

并联型倍频器电路中，变容二极管一端可以直接接地，变容二极管的散热和偏置问题易于解决。但它的输入、输出阻抗较低，难于与信号源和负载相匹配，故倍频器的转换效率较低，应用于 $2\sim3$ 次倍频较为合适。

图(b)所示的串联型倍频器中，F_1、F_n 分别为调谐于基波和 n 次谐波的理想带通滤波器。信号源 v_g 产生的基波激励电流 i_1，沿图中实线所示线路通过变容二极管，在 C_j 上产生了包含各次谐波的电压，其中 n 次谐波电压产生的 n 次谐波电流 i_n 沿着图中虚线所示的路线通过负载 R_L，因此，倍频器输出端即有 n 次谐波信号输出。

串联型倍频器的优点是输入、输出阻抗较高，易于实现与信号源及负载的匹配，且随倍频次数增加，转换效率降低的程度比并联电路小，因此，串联倍频器适于 $n > 3$ 以上的高次倍频。

4.4　高频功率放大电路印制电路板(PCB)设计

高频电路印制电路板的设计流程和低频电路印制电路板的设计流程是一样的。但是，由于高频电路中的元器件工作在高频状态，元器件本身会产生分布参数，元器件与元器件之间、相邻的线条与线条之间也会产生一些分布参数，相互产生影响(干扰)，特别是在功率放大电路中，前级产生的很小的噪声信号(干扰)，通过后级的逐步放大，在输出端就有可能产生较大的干扰输出，影响整个电路的性能，所以，抗干扰处理是高频电子线路 PCB 设计时必须考虑的问题。主要有四方面的干扰存在：电源噪声、传输线干扰、耦合、电磁干扰(EMI)。作为一个电子工程师，电路设计是一项必备的硬功夫，但是原理设计再完美，如果电路板设计不合理，性能将大打折扣，严重时甚至不能正常工作。

高频电子线路的 PCB 设计并无一定的规律可循，不同的电路，不同的结构，不同的工作状态和环境，对 PCB 布线的要求也不完全相同，但是，设计 PCB 时，一般应参照以下原则。

1. 元件的布局

元件的布局与走线对产品的寿命、稳定性、电磁兼容都有很大的影响，是应该特别注意的地方。

放置元件时，除了应该考虑整体结构要求外(如电位器、开关、变压器等器件，其在电路板上的位置应首先满足结构配合要求)，还应该考虑器件之间的相互干扰与影响。例如，电感线圈的放置，如果两个线圈平行放置，而且二者离得很近，则线圈之间的互感就会很大，反过来，如果二者相互垂直放置，或相距较大，则二者之间的互感就会减小许多；如果热敏器件放置在大功率器件旁边，则热敏器件的特性会发生改变，从而影响整个电路的性能；等等。

2. 注意散热

元器件布局还要特别注意散热问题。对于大功率电路，应该将那些发热元器件如功放管、变压器等尽量靠边分散布局放置，便于热量散发，不要集中在一个地方，也不要离电容太近，以免使电解液过早老化。需要加散热器的器件，应充分考虑散热器的安装空间。

3. 布线

(1) 大电流信号、高电压信号与小信号之间应该注意隔离。

(2) 单层板布线时，要注意信号线近距离平行走线所引入的交叉干扰。双面板布线时，两面的导线宜相互垂直、斜交或弯曲走线，避免相互平行，以减小寄生耦合；作为电路的输入及输出用的印制导线应尽量避免相邻平行，以免发生回馈，在这些导线之间最好加接地线。

(3) 高频电路器件引脚间的引线弯折越少越好。高频电路布线的引线最好采用全直线，需要转折时，拐角尽可能大于 $90°$，杜绝 $90°$ 以下的拐角，也尽量少用 $90°$ 拐角，也可用圆弧转折，这种要求在低频电路中仅仅用于提高铜箔的固着强度，而在高频电路中满足这一要求却可以减少高频信号对外的发射和相互间的耦合。

（4）走线尽量走在焊接面，特别是通孔工艺的 PCB。

（5）高频电路器件引脚间的引线越短越好。

（6）高频电路器件引脚间的引线层间交替越少越好。所谓引线的层间交替越少越好是指元器件连接过程中所用的过孔（Via）越少越好。据测一个过孔可带来约 0.5pF 的分布电容，减少过孔数能显著提高频率。

（7）单面板焊盘必须要大，焊盘相连的线一定要粗，能放泪滴就放泪滴。

（8）大面积敷铜要用栅格状的，如果在放置敷铜时，把多边形取为整个 PCB 的一个面并把栅格条与电路的 GND 网络连通，那么该功能将能实现整块电路板的某一面的铺铜操作，经过铺铜的电路板除能提高高频抗干扰能力外，还对散热、PCB 强度等有很大好处。另外，在电路板金属机箱上的固定处若加上镀锡栅条，不仅可以提高固定强度，保障接触良好，更可利用金属机箱构成合适的公共线。

（9）对特别重要的信号线或局部单元实施地线包围的措施。该措施在 Protel 软件中也能自动实现。它就是 Edit 菜单的 Place 下的 OutlineSelectedItems，即绘制所选对象的外轮廓线，利用此功能可以自动地对所选定的重要信号线进行所谓的包地处理。当然把此功能用于时钟等单元局部进行包地处理对高速系统也将非常有益。

（10）各类信号走线不能形成环路，地线也不能形成电流环路。

（11）每个集成电路块的附近应设置一个高频退耦电容，如果两者相距太远，退耦效果会大打折扣。

（12）模拟地线、数字地线等接往公共地线时，要用高频扼流圈——磁珠。在实际装配高频扼流圈时用的往往是中心孔穿有导线的高频铁氧体磁珠，在电路原理图上对它一般不予表达，由此形成的网络表 netlist 就不包含这类元件，布线时就会因此而忽略它的存在，针对这种情况，可在原理图中把它当作电感，在 PCB 元件库中单独为它定义一个元件封装，布线前把它手工移动到靠近公共地线汇合点的合适位置上。

4. 减小电源噪声的方法

高频电路中，电源所带有的噪声对高频信号影响尤为明显。因此，首先要求电源是低噪声的。干净的地和干净的电源同样重要，因为电源是具有一定阻抗的，并且阻抗是分布在整个电源上的，所以，噪声也会叠加在电源上。那么，就应该尽可能地减小电源的阻抗，最好要有专有的电源层和接地层。在高频电路设计中，电源以层的形式设计在大多数情况下都比以总线的形式设计要好得多，这样，回路一直可以沿着阻抗最小的路径走。此外，电源板还须为 PCB 上所有产生和接收的信号提供一个信号回路，以最小化信号回路，从而减小噪声，这一点常常为低频电路设计人员所忽视。

PCB 设计中消除电源噪声的方法：

（1）注意板上通孔。通孔使得电源层上需要刻蚀开口以留出空间给通孔通过。而如果电源层开口过大，势必影响信号回路，信号被迫绕开，回路面积增大，噪声加大。同时，如果一些信号线都集中在开口附近，共用这一段回路，公共阻抗将引发串扰。

（2）连接线需要足够多的地线。每一信号需要有自己专有的信号回路，而且，信号和回路的环路面积尽可能小，也就是说，信号与回路要并行。

（3）模拟与数字的电源要分开。高频器件一般对数字噪声非常敏感，所以两者要分开，在电源的入口处接在一起。若信号要跨越模拟和数字两部分的话，可以在信号跨越处放置一条回路以减小环路面积。

（4）避免分开的电源在不同层间重叠。否则，电路噪声很容易通过寄生电容耦合过来。

（5）隔离敏感元件。

（6）放置电源线。为了减小信号回路，可通过在信号线边上放置电源线来实现减小噪声。

5. 减小传输线干扰的方法

在 PCB 中只可能出现两种传输线：带状线（stripline）和微波线（microstrip）。传输线最大的问题就是反射，反射会引发很多问题。任何反射信号基本上都会使信号质量降低，都会使输入信号形状发生变化。大原则上来说，解决的办法主要是阻抗匹配（例如，互连阻抗应与系统的阻抗非常匹配）。但有时候阻抗的计算比较麻烦，可以考虑一些传输线阻抗的计算软件。

PCB 设计中消除传输线干扰的方法如下：

避免传输线阻抗的不连续性。阻抗不连续的点就是传输线突变的点，如直拐角、过孔等，应尽量避免。方法有避免走线的直拐角、尽可能走 45°角或者弧线，大弯角也可以；尽可能少用过孔，因为每个过孔都是阻抗不连续点。

6. 减小电磁干扰的方法

随着频率的提升，电磁干扰将变得越来越严重，并表现在很多方面（例如互连处的电磁干扰）。高速器件对此尤为敏感，它会因此接收到高速的假信号，而低速器件则会忽视这样的假信号。

PCB 设计中消除电磁干扰的方法：

（1）减小环路。每个环路都相当于一个天线，因此，要尽量减小环路的数量、环路的面积以及环路的天线效应。确保信号在任意的两点上只有唯一的一条回路路径，避免人为环路，尽量使用电源层。

（2）滤波。在电源线和信号线上都可以采取滤波来减小电磁干扰，方法有三种：去耦电容、电磁干扰滤波器、磁性元件。

（3）屏蔽。由于篇幅问题，再加上讨论屏蔽的文章很多，这里不再具体介绍。

（4）尽量降低高频器件的速度。

（5）增加 PCB 的介电常数，可防止靠近 PCB 的传输线等高频部分向外辐射；增加 PCB 的厚度，尽量减小微带线的厚度，可以防止电磁线的外溢，同样可以防止辐射。

4.5　功放管的工作特性

功放管是功率放大器的重要组成部分，它的工作特性直接影响着功率放大器的性能。对功率放大器的要求是，在保证功放管安全的条件下，在允许的失真范围内，高效率地提供足够大的输出功率，因此在设计各种功率放大器时，应在满足输出功率的前提下着重考虑以下三个问题。

1. 保证功放管安全工作

为了输出足够大的功率，功放管必须有大的电压和电流的动态工作范围，这样就会使功放管接近极限运用状态。因此，如何保护功放管安全工作就成为必须着重考虑的第一问题。

就晶体三极管而言，它有三个极限参数，即集电极最大允许管耗、集电极反向击穿电压和集电极最大允许电流。因此，讨论功放管安全工作问题时，应该从这些参数入手。

集电极最大允许管耗 P_{CM} 取决于管内最高允许的结温，而由于热惰性的原因，结温的高低仅取决于平均管耗的大小。因此，为了保证功放管不因结温过高而烧坏，只需要最大平均管耗 $P_{C,max}$ 不超过 P_{CM}，即 $P_{C,max} \leqslant P_{CM}$，而无须要求在任何瞬间的瞬时管耗不超过 P_{CM}。

集电极反向击穿电压的大小与放大器的组态有关。在共发射极放大器中，通常取 BV_{CEO} 为集电极反向击穿电压。因此，为了保证功放管不会因击穿而损坏，最大集电极电压 $u_{CE,max}$ 就不应超过 BV_{CEO}，即 $u_{CE,max} \leqslant BV_{CEO}$。

虽然集电极最大允许电流 I_{CM} 不是功放管安全工作的极限参数，但当集电极电流超过 I_{CM} 时，功放管的 β 值将明显下降，从而导致输出信号的波形产生严重失真。因此，为了保证放大器不产生严重失真，最大集电极电流 $i_{C,max}$ 不应超过 I_{CM}，即 $i_{C,max} \leqslant I_{CM}$。必须指出，当功放管处于脉冲状态工作时，可以不必考虑因 β 减小而引起的失真问题。因此，允许的最大集电极电流可以超过 I_{CM}，通常取到 $(1.5 \sim 3)I_{CM}$。

除了上述三个极限参数外，为保证功放管安全工作，还必须考虑功放管的二次击穿特性。实践表明，功放管的损坏往往是因为二次击穿造成的。

2. 减小非线性失真

由于大信号工作时，由功放管非线性及其他原因引起的失真比较严重，因此，如何减小非线性失真，使其限制在允许范围内，就成为必须着重加以考虑的第二个问题。

3. 提高功率放大器的效率

各种放大器都是能量转换器，它具有将直流电源供给的功率 P_D 转换成输出功率 P_o 的功能。在实现能量转换的过程中，功放管本身必定消耗一部分功率，也就是管耗 P_C。因此，放大器的效率为

$$\eta_c = \frac{P_o}{P_o + P_C} \times 100\%$$

其数值恒小于 1。显然，η_c 越接近 1，放大器的效率越高，则在相同的输出功率下，直流电源供给的直流功率就越小，消耗在功放管本身的功率也就越小。这样，不仅节约了能源，而且有利于功放管的安全工作。因此，如何提高放大器的效率是在功率放大器中必须考虑的又一个重要问题。通常采取的措施是在功放管与负载之间增加匹配网络。

4. 功放管的散热

在大功率放大器中，功放管的散热也是放大器设计的一个重要问题。如果功放管具有良好的散热特性，不仅可以增大它的最大允许管耗 P_{CM}，还可以防止产生热崩现象。通常采取的措施是为功放管增加散热器。散热器的面积设计应当合理，面积小，散热效果不

好，面积过大，又会增加散热器占用的空间。

4.6 小   结

(1) 高频功率放大电路是发射机的重要组成部分，其功能是对高频已调波信号进行功率放大，然后经天线将其辐射到空间。

(2) 高频功率放大器的主要技术指标是输出功率、效率、非线性失真和安全性。

(3) 功率放大器按晶体管集电极电流流通的时间(导通角)不同，可分为甲类、乙类、丙类、丁类和戊类等工作状态。其中，丙类工作状态(导通角小于 90°)效率最高，但这时晶体管集电极电流的波形严重失真。采用 LC 谐振网络作为放大器的集电极负载，可克服工作在丙类状态所带来的失真，但滤波匹配网络的通频带较窄，所以，丙类谐振功率放大器适用于窄带信号的功率放大。

(4) 谐振功率放大器的工作状态可分为三类：欠电压、临界和过电压。

欠电压状态：输出电压幅度 U_{cm} 较小，晶体管工作时不会进入饱和区，集电极电流波形为尖顶余弦脉冲。放大器输出功率小，管耗大，效率低。

临界状态：输出电压幅度 U_{cm} 比较大，集电极电流波形为尖顶余弦脉冲。放大器输出功率大，管耗小，效率高。

过电压状态：输出电压幅度 U_{cm} 过大，集电极电流波形顶部出现下凹。放大器输出功率较大，管耗小，效率高。

(5) 影响谐振功率放大器性能的主要因素有：负载谐振电阻(R_e)、基极直流偏置(V_{BB})、集电极直流偏置(V_{CC})和基极输入信号幅度(U_{im})。

当 U_{im}、V_{BB}、V_{CC} 保持不变，谐振功率放大器工作状态随 R_e 改变而发生变化的特性称为其负载特性。有负载特性分析可知，在临界状态，输出功率最大，效率最高，此时的谐振电阻称为谐振功率放大器的最佳负载电阻，也称匹配电阻。

(6) 谐振功率放大器的直流馈电电路有串馈和并馈两种电路形式。通常，基极馈电采用自给偏压供电。零偏压供电可提高电路的稳定性。

(7) 窄带功率放大器中的滤波匹配网络的主要作用一是将实际负载变换为放大器所需的最佳负载电阻，二是滤除不需要的谐波分量，并把有用信号高效率地传输给负载。

(8) 宽带功率放大器中，通常采用传输线变压器作为匹配网络，同时，为了获得大功率输出，需采用功率合成技术。

(9) 倍频器按其实现方式不同，一般可分为三类：第一类是从丙类放大器集电极脉冲电流谐波中利用选频的方法获得倍频信号；第二类是采用模拟乘法器实现倍频。第三类是参量倍频器。当工作频率不超过几十兆赫时，主要采用丙类谐振放大器构成的丙类倍频器。当频率比较高时，通常采用由变容二极管构成的参量倍频器来产生。

(10) 设计高频功率放大电路印制电路板(PCB)时，必须考虑各种干扰带来的影响。对不同的电路，应根据实际情况采取相应的措施。

(11) 功放管的主要特征参数为：集电极最大允许管耗、集电极反向击穿电压和集电极最大允许电流。另外，散热问题也是在设计功率放大器时所必须考虑的问题。

4.7　实训：高频谐振功率放大器的仿真

一、实训目的

（1）了解高频谐振功率放大器的电路构成；

（2）会利用 Multisim 软件对高频谐振功率放大器进行电路仿真；

（3）加深对高频谐振功率放大器工作原理的理解；

（4）通过实训仿真理解高频谐振功率放大器的负载特性、放大特性以及调制特性等；

（5）会借助 Multisim 仿真软件进行电路设计和元件选取。

二、实训步骤

（1）在 Multisim 软件环境中绘制出高频谐振功率放大器电路的电路图，如图 4.32 所示。注意元件标号和各个元件参数的设置。

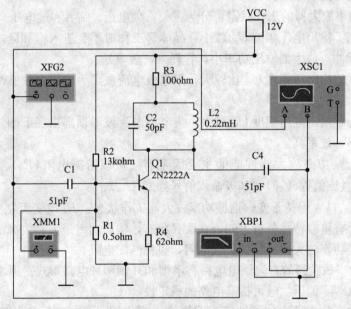

图 4.32　高频谐振功率放大器电路

（2）双击图 4.32 中的信号源 XFG2，按图 4.33 进行参数设置：频率设置为 1.5MHz；幅值设置为 1V；波形设置为正弦波。

（3）双击图 4.32 中的示波器 XSC1，按图 4.34 进行参数设置：时标设置为 500ns/Div，A、B 两个通道均设置为 5V/Div。

（4）打开仿真开关，就可以观察到如图 4.34 的信号输入、输出波形了。

（5）在图 4.32 中，双击三用表 XMM1，按图 4.35 进行设置，便可以从中读出被测试点的直流电压值。

（6）图 4.32 中的 XBP1 为波特图仪，双击打开如图 4.36 所示，适当调整各处的参数设置值，可以得到一个便于观察的高频谐振功率放大器电路的幅频特性曲线图。

三、说明

（1）为了使电流导通角有合适的数值，图 4.32 中的 R1 和 R2 采用分压式偏置电路，

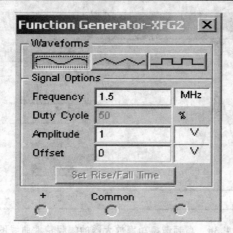

图 4.33 信号源的设置

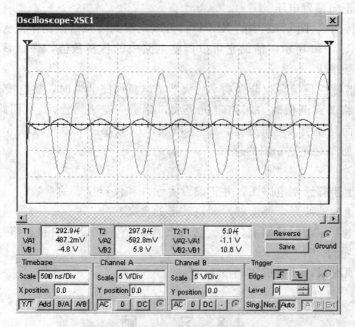

图 4.34 高频谐振功率放大器电路波形图

图 4.35 三用表的设置

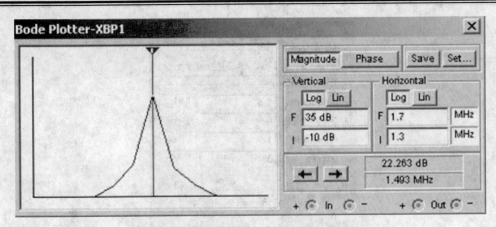

图 4.36　高频谐振功率放大器的幅频特性曲线图

提供一个很小的正向偏置电压。

（2）利用波特图仪（图 4.32 中的 XBP1），可以观察到高频谐振功率放大器电路的幅频特性曲线图，如图 4.36 所示。借助它可以调整电路中的各参数值，保证整个电路设计工作在合适的中心频率上。

（3）所谓调谐特性是指高频谐振功率放大器集电极回路调谐时，集电极平均电流 I_{C0} 的变化特性。即回路调到谐振时，回路阻抗最大，I_{C0} 最小，I_{b0} 最大。当回路偏离谐振时，回路阻抗减小，而且还引入电抗分量，使 I_{C0} 增大，I_{b0} 减小。大家可以在 Multisim 仿真软件中进行仿真，加深对理论知识的理解。

四、实训要求

（1）按照以上步骤绘制电路图，并正确设置元件和仪器仪表的参数。

（2）仿真出正确的波形，并能够看明白波形的含义。

（3）在熟悉电路原理的基础上，改变部分元件的值，并设计表格，将结果填入其中，比较仿真结果的异同。

（4）保存仿真结果，并完成实训报告。

4.8　习　　题

4.1　为了使放大器工作在丙类状态，晶体管的基极应加反向偏压，若基极输入信号幅度为 2V，晶体管的基极与发射极之间的导通电压 $U_{BE(on)}$ 为 0.6V，为了使放大器的导通角为 60°，基极偏置电压应为多大？

4.2　已知谐振功率放大器的 $V_{CC}=26V$，$I_{C0}=260mA$，$P_o=6W$，$U_{cm}=0.9V_{CC}$，求该放大器的 P_D、P_C、η_c、θ。

4.3　在工作频率 $f=500MHz$ 时，谐振功率放大器的输出功率 $P_o=40W$，$V_{CC}=15V$。

（1）当 $\eta_c=60\%$ 时，试求晶体管的集电极功耗 P_C 和 I_{C0}。

（2）若保持 P_o 不变，将 η_c 提高到 80%，请问 P_C 减小多少？

4.4　谐振功率放大器原来工作在临界状态，若集电极回路稍有失谐，放大器的 I_{C0}、I_{c1m} 将如何变化？P_C 将如何变化？

4.5　已知一谐振功率放大器原来工作在过电压状态，现欲将它调整到临界状态，可改变哪些参数？不同的调整方法所得到的输出功率是否相同？

4.6　已知两个谐振功率放大器具有相同的回路元件参数，它们的输出功率分别是 3W 和 2W。若增大两功率放大器的 V_{CC}，发现前者的输出功率增加不明显，发现后者的输出功率增加明显，试分析其原因。若要明显增大前者的输出功率，还应同时采取什么措施（不考虑功放管的安全性问题）？

4.7　用丙类放大器设计一个二倍频器，并说明电路中各单元电路的作用。

4.8　设计大功率放大器时，功放管的工作特性应如何设置？

4.9　设计一个 LC 选频匹配网络，使 50Ω 的负载与 20Ω 的信号源电阻匹配。如果工作频率是 20MHz，各元件值是多少？

第 5 章　正弦波振荡器

振荡器的种类很多，本章主要介绍反馈式正弦波振荡器的工作原理、构成条件及分析方法。

5.1　概　　述

振荡器是一种在没有外加激励的情况下，能够自动产生一定波形信号的装置或电路。振荡器与放大器都是能量转换装置，它们都是把直流电源的能量转换为交流能量输出，但是，放大器需要外加激励，即必须有信号输入，而振荡器却不需要外加激励。振荡器输出的信号频率、波形、幅度完全由电路自身的参数决定。

振荡器在各种电子设备中有着广泛的应用。例如，无线电发射机中的载波信号源，超外差接收机中的本地振荡信号源，电子测量仪器中的信号源，高频感应加热炉中的交变能源等。

振荡器按照所产生的波形是否为正弦波，可以分为正弦波振荡器和非正弦波振荡器。正弦波振荡器可分成两大类：一类是利用正反馈原理构成的反馈型振荡器，它是目前应用最多的一类振荡器；另一类是负阻振荡器，它是将负阻器件直接接到谐振回路中，利用负阻器件的负电阻效应抵消回路中的损耗，从而产生等幅的自由振荡，这类振荡器主要工作在微波波段。根据电路的组成不同，可分成 RC 振荡器、LC 振荡器和石英晶体振荡器。本章主要介绍利用正反馈原理构成的正弦波振荡器。

5.2　反馈振荡器的工作原理

反馈型振荡器是通过正反馈连接方式实现等幅正弦波振荡的电路。正弦波振荡电路由放大器和反馈网络组成。其电路原理框图如图 5.1 所示。

假如开关 S 处在位置 2，即在放大器的输入端加输入信号 U_i，其为一定频率和幅度的正弦波，此信号经放大器放大后产生输出信号 U_o，而 U_o 又作为反馈网络的输入信号，在反馈网络输出端产生输出反馈信号 U_f。如果 U_f 和原来的输入信号大小相等相位相同，假如这时除去外加

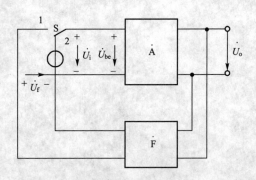

图 5.1　反馈振荡电路原理框图

信号并将开关 S 接到 1 端，由放大器和反馈网络组成一闭环系统，在没有外加输入信号的情况下，输出端可维持一定频率和幅度的信号 U_o 输出，从而实现了自激振荡。

为使振荡电路的输出为一个固定频率的正弦波，要求自激振荡只能在某一频率上产生，而在其他频率上不能产生，所以图 5.1 所示的闭环系统内，必须含有选频网络，使得

只有选频网络中心频率上的信号才满足 U_f 和 U_i 相同的条件而产生自激振荡，其他频率的信号不满足 U_f 和 U_i 相同的条件而不能产生自激振荡。选频网络可以放在放大器内，也可以放在反馈网络内。

综上所述，反馈振荡电路是一种将反馈信号作为输入电压来维持一定输出电压的闭环正反馈系统，实际上它是不需要外加输入信号就可以产生输出信号的。振荡电路中各部分总是存在各种电的扰动，例如接通电源瞬间引起的电流突变、电路的内部噪声等，它们包含了非常多的频率分量，由于选频网络的选频作用，使得只有某一频率的信号能够反馈到放大器的输入端，其他频率分量均被选频网络所滤除。通过反馈网络送到放大器输入端的信号就是输入信号。这一频率信号经放大器放大后，又通过反馈网络回送到输入端，并且信号幅度比前一瞬时要大，再经过放大、反馈，使回送到输入端的信号幅度进一步增大，最后将使放大器进入非线性工作区，放大器的增益下降，振荡电路输出幅度越大，增益下降也就越多，最后当反馈电压正好等于原输入信号电压时，振荡幅度不再增大而进入平衡状态。

5.2.1　起振条件和平衡条件

1. 振荡的起振条件

为使振荡电路在接通直流电源后能够自动起振，则在相位上要求反馈电压与输入电压同相，在幅度上要求 $U_f > U_i$，因此振荡的起振条件包括相位条件和振幅条件两个方面，即振幅起振条件

$$U_f > U_i \qquad\qquad (5-2-1)$$

相位起振条件

$$\Phi_T = 2n\pi (n = 0, 1, 2, \cdots) \qquad\qquad (5-2-2)$$

2. 振荡的平衡条件

振荡的平衡条件是针对振荡电路进入稳态振荡而言的。当反馈信号 U_f 等于放大器的输入信号时，振荡电路的输出电压不再发生变化，电路达到平衡状态，因此 $U_f = U_i$ 称为振荡的平衡条件。需要注意的是这里的 U_f 和 U_i 都是复数，所以两者大小相等而且相位相同。所以

振幅平衡条件

$$U_f = U_i \qquad\qquad (5-2-3)$$

相位平衡条件

$$\Phi_T = 2n\pi (n = 0, 1, 2, \cdots) \qquad\qquad (5-2-4)$$

5.2.2　稳定条件

当振荡达到平衡状态以后，电路不可避免地要受到外部因素(如电源电压、温度、湿度等)，内部因素(如噪声)变化的影响，这些因素将破坏平衡条件。使电路偏离平衡状态，振荡的稳定条件是指电路能自动恢复到原来平衡条件所应具有的能力，稳定条件包括振幅稳定条件和相位稳定条件。

1. 振幅稳定条件

设振荡器在 $U_i = U_{i,A}$ 满足振幅平衡条件，如图 5.2 所示。A 点为平衡点，$T(j\omega) = 1$。

若由于某种原因使振幅突然增大到 $U_{i,A'}$，由于 $U_{i,A'}$ 大于 $U_{i,A}$，则环路增益 $T(j\omega)<1$，使振荡器作减幅振荡，从而会破坏原有的平衡状态。每经过一次反馈循环，振幅衰减一些，当幅度减小到 A 点以后，又重新达到平衡。反之，若由于某种原因使振幅减小到 $U_{i,A''}$，由于 $U_{i,A''}$ 小于 $U_{i,A}$，则环路增益 $T(j\omega)>1$，使振荡器作增幅振荡，幅度不断增大，当幅度增大到 A 点以后，又重新达到平衡。因此，A 点为一平衡点。平衡点要为一稳定点，其振幅的稳定条件是

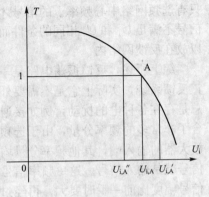

图 5.2　振荡幅度的稳定

$$\left.\frac{\partial T(j\omega)}{\partial U}\right|_{U_i=U_{i,A}}<0 \qquad (5-2-5)$$

2. 相位稳定条件

相位稳定条件是指相位平衡条件遭到破坏时，振荡器能够重新建立相位平衡点的条件，由于频率 ω 是瞬时相位 φ 对时间 t 的导数，即 $\omega=\dfrac{\mathrm{d}\Phi}{\mathrm{d}t}$。因此，相位的变化会引起频率的改变，而频率的改变会引起相位的变化。

设振荡器在 ω_0 满足相位平衡条件 $\Phi_T=2n\pi$，当外界干扰引入相位增量 $\Delta\varphi>0$，经过时间 T 以后反馈信号的相位将领先 $\Delta\varphi$，等效角频率 $\omega_{01}=\omega_0+\Delta\omega$；若要使回路重新建立相位平衡，要求外界引入干扰相位后，回路应存在自动调节功能；$+\Delta\varphi$ 使振荡频率升高，变为 $\omega_0+\Delta\omega$，而 $\Phi_T=2n\pi-\Delta\Phi_T$，即由环路产生的附加相移 $\Delta\Phi_T$ 来抵消 $\Delta\varphi$，使 $\Phi_T=2n\pi$，使振荡频率稳定在 $\omega_0+\Delta\omega$。当 $\Delta\varphi<0$ 时，回路应具有相同的自动调节功能。由此可见，相位稳定条件是

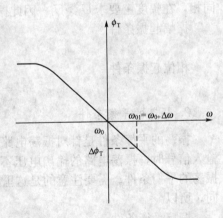

图 5.3　满足相位稳定条件的 $\Phi_T(\omega)$曲线

$$\left.\frac{\partial\varphi_T}{\partial\omega}\right|_{\omega=\omega_0}<0 \qquad (5-2-6)$$

满足相位稳定条件的 $\Phi_T(\omega)$特性曲线如图 5.3 所示。

5.2.3　正弦波振荡电路的基本组成

一个稳定的正弦波振荡器应满足起振条件、平衡条件和稳定条件，这就要求正弦波振荡电路必须有以下四个组成部分：

(1) 放大电路。放大部分使电路有足够的电压放大倍数，从而满足振荡的幅值条件。

(2) 正反馈网络。它将输出信号以正反馈的形式引回到输入端，以满足相位条件。

(3) 选频网络。由于电路的扰动信号是非正弦的，它由若干不同频率的正弦波组合而成，因此要想使电路获得单一频率的正弦波，就应有一个选频网络，选出其中一个特定频率信号，使其满足振荡的相位条件和幅值条件，从而产生振荡。

(4) 稳幅环节。它是振荡器能够进入振幅平衡状态并维持幅度稳定的条件。

5.3　LC 正弦波振荡器

选频网络采用 LC 谐振回路的反馈式正弦波振荡器，称为 LC 正弦波振荡器，简称 LC 振荡器。目前应用最广的是三点式(电容耦合、电感耦合)振荡电路。

5.3.1　三点式振荡电路

1. 电感三点式振荡电路

1) 电路组成

电感三点式振荡电路组成如图 5.4 所示。图(a)是用晶体管作放大电路；图(b)是用集成运放作放大电路。特点是电感线圈有中间抽头，使 LC 回路有三个端点，并分别接到晶体管的三个电极上(交流电路)，或接在运放的输入、输出端。图(a)中，L_1、L_2 和 C 组成谐振回路，作为集电极交流负载；R_{b1}、R_{b2} 和 R_e 组成分压式偏置电路；C_1、C_2 为隔直电容；C_e 为旁路电容。

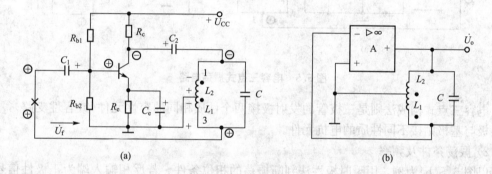

图 5.4　电感三点式振荡电路

电感三点式的构成法则是三极管的发射极接两个性质相同的感性元件(或感性支路)，而集电极与基极则接不同性质的电抗元件。

2) 振荡条件及频率

以图 5.4(a)为例，用瞬时极性法判断相位条件，若给基极一个正极性信号，晶体管集电极得到负的信号。在 LC 并联回路中，1 端对"地"为负，3 端对"地"为正，故为正反馈，满足振荡的相位条件。振荡的幅值条件可以通过调整放大电路的放大倍数和 L_2 上的反馈量来满足。该电路的振荡频率基本上是由 LC 并联谐振回路决定的。

$$f_o \approx \frac{1}{2\pi\sqrt{LC}} \tag{5-3-1}$$

式中，$L=L_1+L_2+2M$；L_1、L_2 是线圈的电感量；M 是 L_1、L_2 间的互感。

3) 电路优点

电感三点式 LC 振荡电路，由于 L_1 和 L_2 是由一个线圈绕制而成的，耦合紧密，因而容易起振，并且振荡幅度和调频范围大。

4) 电路缺点

输出电压高次谐波多，导致输出波形质量较差；另外这种振荡器的振荡频率不易很高，一般最高只达几十兆赫。

2. 电容三点式振荡电路

1) 电路组成

图 5.5 所示为电容三点式 LC 振荡电路（又称"考毕兹"电路）。电容 C_1、C_2 与电感 L 组成选频网络，该网络的端点分别与三极管的三个电极或与运放的输入、输出端相连接。

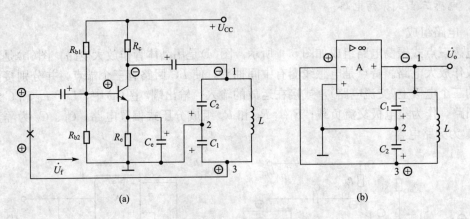

(a)　　　　　　　　　　　　　(b)

图 5.5　电容三点式振荡电路

电容三点式构成法则是三极管的发射极接两个性质相同的容性元件（或容性支路），而集电极与基极则接不同性质的电抗元件。

2) 振荡条件及频率

以图 5.5(b) 为例，用瞬时极性法判断振荡的相位条件。若反相输入端为正极性信号，LC 网络的 1 端点产生负极性信号；3 端点相应为正极性信号，从而构成正反馈形式，满足相位条件。幅值条件如前所述，其振荡频率为

$$f_o \approx \frac{1}{2\pi\sqrt{LC}} \qquad\qquad (5-3-2)$$

式中

$$C = \frac{C_1 C_2}{C_1 + C_2}$$

3) 电路优点

由于反馈电压取自 C_2，电容对高次谐波容抗小，反馈中谐波分量少，振荡产生的正弦波形较好。

4) 电路缺点

这种电路调频不方便，因为改变 C_1、C_2 调频的同时，也改变了反馈系数，从而导致振荡器工作状态的变化；另外，由于受晶体管输入和输出电容的影响，为保证振荡频率的稳定，振荡频率的提高将受到限制。

5.3.2　改进型电容三点式振荡电路

电容三点式振荡器的性能较好，但存在下述缺点：调节频率会改变反馈系数，晶体管的输入电容 C_i 和输出电容 C_o 对振荡频率的影响限制了振荡频率的提高。为了提高频率的稳定性，目前较普遍地应用改进型电容振荡电路。

1. 串联改进型振荡电路

图 5.6(a)所示为串联改进型电容三点式振荡电路。该电路的特点是在电感支路中串接一个容量较小的电容 C_3。此电路又称克拉泼电路。其交流通路如图 5.6(b)所示。在满足 $C_3 \ll C_1$、$C_3 \ll C_2$ 时，回路总电容 C 主要取决于 C_3，回路总电容 C 为

$$\frac{1}{C} = \frac{1}{C_1} + \frac{1}{C_2} + \frac{1}{C_3} \approx \frac{1}{C_3}$$

所以 $C \approx C_3$，因此该振荡电路的振荡频率为

$$f_o \approx \frac{1}{2\pi\sqrt{LC_3}} \qquad\qquad (5-3-3)$$

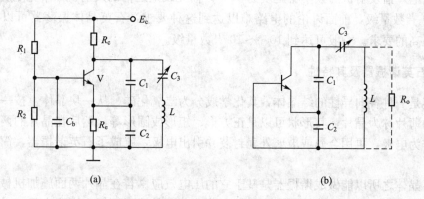

图 5.6　串联改进型电容三点式振荡电路及其交流通路

这说明，在克拉泼电路中，当 C_3 比 C_1、C_2 小得多时，振荡频率仅由 C_3 和 L 决定，与 C_1、C_2 基本无关，C_1、C_2 构成正反馈，它们的容量相对来说可以取得较大，从而减小对与之相并联的晶体管输入电容、输出电容的影响，提高了频率的稳定度。但要注意的是，减小 C_3 来提高回路的稳定性是以牺牲环路增益为代价的。如果 C_3 取值过小，振荡器就会不满足振幅条件而停振。

2. 并联改进型振荡电路

图 5.7(a) 所示为并联改进型电容三点式振荡电路，这种电路又称西勒电路，其交流通路如图 5.7(b)所示。与克拉泼电路不同的是仅在于电感 L 上并联了一个调节振荡频率的可调电容 C_4。C_1、C_2、C_3 均为固定电容，且满足 $C_3 \ll C_1$、$C_3 \ll C_2$。通常 C_3、C_4 为同一数量级的电容，所以回路总电容 $C \approx C_3 + C_4$。西勒电路的振荡频率为

$$f_o \approx \frac{1}{2\pi\sqrt{L(C_3 + C_4)}} \qquad\qquad (5-3-4)$$

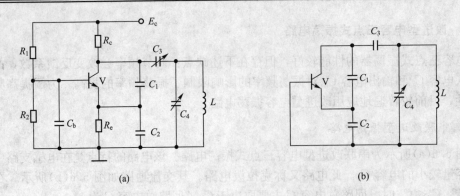

图 5.7　并联改进型电容三点式振荡电路及其交流通路

5.4　石英晶体振荡器

无线电广播发射机的频率稳定度为 10^{-5}，而无线电通信的发射机频率稳定度要求达到 $10^{-8} \sim 10^{-10}$ 数量级，前面讨论的电路难以达到这种要求，石英晶体振荡器可以达到频率稳定度很高的要求。一般可达到 $10^{-5} \sim 10^{-11}$ 数量级。

5.4.1　石英谐振器及其特性

石英是一种各向异性的结晶体，其化学成分为二氧化硅。从一块晶体上按一定的方位角切下的薄片称为晶片，其形状可以是正方形、矩形或圆形等，然后在晶片的两个面上镀上银层作为电极，再用金属或玻璃外壳封装并引出电极，就成了石英谐振器，简称为石英晶体。

石英晶体之所以能做成谐振器是基于它的压电效应。若在晶片两面施加机械力，则沿受力方向将产生电场，晶片两面产生异性电荷。若在晶片两面加一交变电场，晶片就会产生机械振动。当外加电场的频率等于晶体的固有频率时，机械振动幅值明显加大，这种现象称为"压电效应"。由于石英晶体的这种特性，可以把它的内部结构等效成如图 5.8(a) 所示的等效电路。

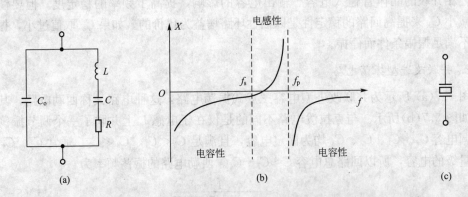

图 5.8　石英晶体的等效电路、电抗频率特性和图形符号

石英晶体谐振器忽略 R 以后的电抗频率特性如图 5.8(b)所示；图形符号如图 5.8(c)所示。

由图 5.8(b)可知，石英晶体振荡器应有两个谐振频率。在低频时，可把静态电容 C_0 看作开路，若 $f=f_s$ 时，L、C、R 串联支路发生谐振，$X_L=X_C$，它的等效阻抗最小 $Z_0=R$，串联谐振频率为

$$f_s = \frac{1}{2\pi\sqrt{LC}} \tag{5-4-1}$$

当频率高于 f_s 时，$X_L > X_C$，L、C、R 支路呈现感性，C_0 与 LC 构成并联谐振回路，其振荡频率为

$$f_p = \frac{1}{2\pi\sqrt{LC'}} = f_s\sqrt{1+\frac{C}{C_0}} \tag{5-4-2}$$

式中，$C' = CC_0/(C+C_0)$。

通常 $C_0 \gg C$，故 f_p 与 f_s 非常接近，f_p 略大于 f_s，所以感性区非常窄，其频率特性如图 5.8(b)所示。由图 5.8(b)可知，低频时，两条支路的容抗起主要作用，电路呈容性。随着频率的增加，容抗逐步减小。当 $f=f_s$ 时，LC 串联谐振，$Z_0=R$，呈纯电阻性；当 $f>f_s$ 时，LC 支路呈感性；当 $f=f_p$ 时，并联谐振，阻抗呈纯电阻性；当 $f>f_p$ 时，C_0 支路起主要作用，电路又呈容性。

5.4.2　石英晶体振荡电路

用石英晶体构成的正弦波振荡电路有两类，一类是石英晶体作为一个高 Q 值的电感元件，和回路中的其他元件形成并联谐振，称为并联型晶体振荡电路；另一类是石英晶体作为一个正反馈通路元件（相当于短路线），工作在串联谐振状态，称为串联型晶体振荡电路。

1. 并联型晶体振荡器

电路如图 5.9 所示。当工作频率介于 f_s 和 f_p 之间时，石英晶体等效为一电感元件，它与电容 C_1、C_2 组成并联谐振回路，属于电容反馈式振荡器。

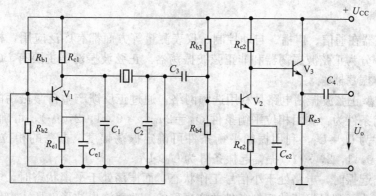

图 5.9　并联型晶体振荡电路

谐振频率为

$$f_o = \frac{1}{2\pi\sqrt{L\dfrac{C(C_o+C_L)}{C+C_o+C_L}}} \qquad (5-4-3)$$

式中，$C_L = C_1 C_2/(C_1+C_2)$。

将式$(5-4-1)$代入式$(5-4-3)$得

$$f_o \approx f_s\sqrt{\frac{C+(C_o+C_L)}{C(C_o+C_L)}} = f_s\sqrt{1+\frac{C}{C_o+C_L}} \qquad (5-4-4)$$

由于 $C_0+C_L \gg C$，所以 $f_0 \approx f_s$，因此振荡器的频率取决于稳定的振荡频率 f_s。

2. 串联型晶体振荡器

图 5.10 所示为串联型晶体振荡器。当 $f=f_s$ 时，晶体振荡器产生串联谐振，$Z_0=R$ 为最小，反馈量最大，且相移为零，符合振荡条件。当 $f \neq f_s$ 时，晶体呈现较大阻抗，且相移不为零，不能产生谐振，所以该电路的振荡频率只能是 $f_0=f_s$。

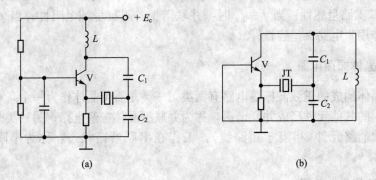

图 5.10　串联型晶体振荡器

5.5　小　　结

（1）振荡器在通信、广播、自动控制、仪表测量等方面都有广泛应用，根据振荡产生的波形不同，分为正弦波振荡器和非正弦波振荡器。正弦波振荡器主要有 LC 正弦波振荡器、石英晶体振荡器。

（2）反馈型正弦波振荡电路是利用选频网络，通过正反馈产生自激振荡的。所以它的振荡相位平衡条件为：利用相位平衡条件 $\varPhi_T=2n\pi(n=0,1,2,\cdots)$，可确定振荡频率；振幅平衡条件为 $U_f=U_i$，利用振幅平衡条件可确定振荡幅度。振荡的相位起振条件为：$\varPhi_T=2n\pi(n=0,1,2,\cdots)$，振幅起振条件为 $U_f>U_i$。

振荡电路起振时，电路处于小信号工作状态，而振荡处于平衡状态时，电路处于大信号工作状态。为了满足振荡的起振条件并实现稳幅、改善输出波形，要求电路的环路增益应随振荡输出幅度而变，当输出幅度增大时，环路增益应减小，反之，增益应增大。

（3）*LC* 正弦波振荡器可以产生较高频率的正弦波振荡信号，主要有电感三点式、电容三点式及串、并联改进型振荡电路，振荡频率近似等于 *LC* 谐振回路的谐振频率。

（4）石英晶体振荡电路所产生振荡频率的准确性和稳定性很高，频率稳定度一般可达到 $10^{-6} \sim 10^{-8}$ 数量级。石英晶体振荡电路有并联型和串联型，并联型晶体振荡电路中，石英晶体的作用相当于电感；而串联型晶体振荡电路中，利用石英晶体的串联谐振特性，以低阻抗接入电路。

5.6 实训：正弦波振荡器的仿真

一、实训目的

（1）了解电容三点式振荡电路的结构和工作原理；

（2）会使用 Multisim 软件绘制电路原理图，并对高频电路进行仿真分析；

（3）掌握基本的电容三点式振荡器及其改进型电路的性能差别，以及计算值与仿真结果的差别；

（4）会借助 Multisim 仿真软件进行电路设计和元件选取。

二、实训步骤

（1）在 Multisim 软件环境中绘制出电路图 5.11，注意元件标号和各个元件参数的设置。

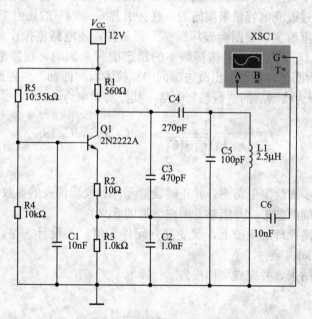

图 5.11 正弦波振荡器电路

（2）双击图 5.11 中的示波器 XSC1，按图 5.12 进行参数设置。

（3）打开仿真开关，就可以观察到如图 5.12 的幅度调制波形了。

（4）在示波器中读出此振荡器输出波形的幅度值和频率值。

（5）分别改变 C_4、C_5 和 L_1 的值，重复以上操作，测出振荡器此时输出波形的幅度值和频率值。

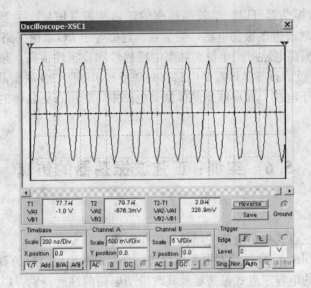

图 5.12　正弦波振荡器电路波形图

三、说明

(1) 电容三点式振荡器(又称"考毕兹"电路)的反馈电压取自电容 C_2 两端,而电容对高次谐波呈现很小的阻抗,因而反馈电压中的谐波分量小,输出波形较好。但是由于频率的调节通常是通过改变电容量来实施的,这会引起 C_1 和 C_2 的比值变化,从而影响反馈量,轻则使振荡幅度改变,重则会破坏振荡平衡条件,使电路停振;此外晶体管的输入、输出电容分别并在 C_2、C_3 上,对振荡频率的稳定度带来影响,在频率较高时(电容取值小),这种影响尤为明显。为此引出改进型的"克拉泼"、"西勒"两种振荡电路。

(2) 图 5.11 即为改型后的"西勒"电路,其振荡频率为

$$f = \frac{1}{2\pi\sqrt{L_1(C_4+C_5)}} \qquad C_2 \gg C_4,\ C_3 \gg C_4$$

四、实训要求

(1) 按照以上步骤绘制电路图,并正确设置元件和仪器仪表的参数。

(2) 仿真出正确的波形,并能够看明白波形的含义。

(3) 在熟悉电路原理的基础上,改变部分元件的值,并设计表格,将结果填入其中,比较仿真结果的异同。

(4) 保存仿真结果,并完成实训报告。

5.7　习　　题

5.1　试判断下列说法是否正确,用√或×表示在各小题后面的括号中。

(A) 振荡器与放大器的主要区别之一是:放大器的输出信号与输入信号频率相同,而振荡器一般不需要输入信号。(　　)

(B) 只要存在正反馈,电路就能产生自激振荡。(　　)

（C）对于正弦波振荡器而言，若相位平衡条件得不到满足，则即使放大倍数再大，它也不可能产生正弦波振荡。（　　）

5.2　根据振荡产生的相位条件，判断题图 5.1 所示电路能否产生振荡？若能；求出振荡频率，若不能；说明原因。

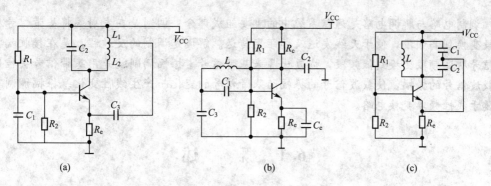

题图 5.1

5.3　题图 5.2 所示为石英晶体振荡电路，试说明它属于哪种类型的晶体振荡电路，并说明石英晶体在电路中的作用。

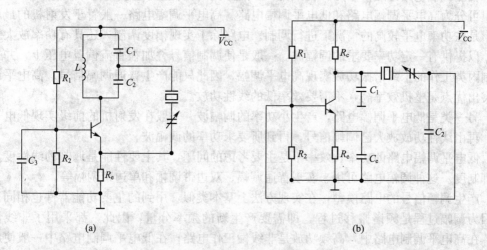

题图 5.2

5.4　在图 5.7(a)所示的西勒振荡器中，$C_1 = C_2 = 200\text{pF}$，$C_3 = 10\text{pF}$，$L = 5\mu\text{H}$，振荡频率 $f_0 = 10 \sim 15\text{MHz}$，试求 C_4 的变化范围。

第6章 幅度调制与解调电路

调制电路与解调电路是通信系统中的重要组成部分。调制是在发射端将基带信号从低频段变换到高频段，便于天线发送及远距离传送。解调是调制的反过程，是在接收端将已调信号从高频段变换到低频段，恢复出原来基带信号。振幅调制就是用基带信号去控制高频载波信号的振幅，使载波信号的振幅随基带信号的变化而产生线性变化。振幅调制与解调属于线性频率变换电路。

6.1 概　　述

6.1.1 振幅调制电路

幅度调制电路是通信电路，特别是无线电发射机的重要组成部分，按输出功率的高低，可分为高电平调幅电路和低电平调幅电路。高电平调幅电路一般置于发射机的最后一级，是在功率电平较高的情况下进行调制。电路除了实现幅度调制，还具有功率放大的功能，以提供有一定功率要求的调幅波。一般是使调制信号叠加在直流偏置电压上，并一起控制丙类工作的末级谐振功放实现高电平调幅，因此只能产生普通调幅信号。高电平调幅的突出优点是整机效率高，不需要效率低的线性功放。

另一类是低电平调幅电路，产生小功率的调幅波。一般在发射机的前级实现低电平调幅，再由线性功放放大已调幅信号，得到所要求功率的调幅波。

低电平调幅电路的功率、效率不是主要考虑的问题，其主要性能是调制的线性度及载波抑制度。这种调幅电路可用来实现普通调幅、双边带调幅和单边带调幅等。

产生调幅信号的电路模型，在实现方法上基本类似，用到的主要功能器件也相同。这是因为调幅过程是频谱搬移过程，即需要产生新的频率分量，因此，都采用了非线性器件。在高电平调制电路中，高频功放是非线性工作电路；在低电平调制电路中一般使用相乘器这一非线性器件。电路模型中的滤波器则是选取所需要的信号，滤除无用或有害的信号，根据调幅信号的不同形式，所选取、抑制的频率分量也不同。

由此可知，产生几种不同形式的调幅波的电路，有许多共同点。即可以用基本相同的电路实现普通调幅、抑制载波的双边带调幅及单边带调幅等。不同之处在于其输入信号、输出信号的形式，滤波器的性能要求。

6.1.2 振幅解调电路

调幅信号的解调就是从调幅信号中取出低频调制信号，它是调幅的逆过程。幅度解调也称为检波。完成幅度解调作用的电路称为检波器。从频谱上看，检波就是将幅度调制波中的边带信号不失真地从载波频率附近搬移到零频率附近，因此，检波器也属于频谱搬移电路。

幅度检波可以用具有频谱搬移作用的相乘器或其他非线性器件实现。因此，无论是对普通调幅信号、抑制载波的双边带调幅信号还是单边带调幅信号，其解调的原理电路模型都可以用图 6.1 表示。

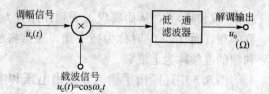

在图 6.1 给出的电路模型中，是将调幅信号 $u_s(t)$ 与载波信号 $u_c(t)$ 相乘并经过低通滤波器而得到调制信号。频谱搬移过程在图 6.2 中

图 6.1　实现幅度解调的电路模型

画出，其中(a)图为输入调幅信号的频谱(设为抑制载波的双边带信号)，(b)图为解调输出信号的频谱(设低通滤波器频率特性理想)。对比(a)、(b)两图可以看出，输出信号频谱相对输入信号频谱在频率轴上搬移了一个载频频量。特别注意，所加的输入载波信号必须与所接收到的发射载波严格同步，即保持同频同相，否则会影响检波性能。因此这种检波方式称为同步检波。

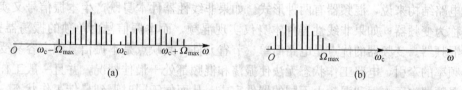

图 6.2　幅度解调中的频谱搬移

（a）输入调幅信号的频谱　（b）解调输出信号的频谱

虽然图 6.1 所示的电路在原理上适用于解调普通调幅、抑制载波的双边带调幅、单边带调幅等信号，但对于普通调幅信号而言，因为其载波分量未被抑制，不必另加载波信号，而可以直接利用非线性器件的频率变换作用解调，得到所需的低频信号，基本近似地复现原调制信号的包络。这种解调称为包络检波法，相应的解调电路称为包络检波器。包络检波也可称为非同步检波或非相干解调。对于双边带调幅和单边带调幅信号，其波形包络都不直接反映调制信号的变化规律，所以不能采用包络检波器解调，只能采用同步检波电路。

6.1.3　混频电路

混频，又称变频，也是一种频率变换过程，它使信号自某频率变换成另一个频率，在频率变换过程中，调制类型(如调幅、调频等)和调制参数(如调制频率、调制指数等)均不改变。

图 6.3 所示为混频器结构框图。其中，本地振荡器用来产生频率为 f_L 的正弦控制信号，习惯称其为本地振荡信号或简称本振信号，它与待变换的外来已调制信号 v_S（载频频率为 f_S、调制信号频率为 F）一起加到非线性器件上。经过非线性作用，输出端就有两个信号的差频($f_L - f_S$)、和频($f_L + f_S$)及其他频率分量，用滤波器滤除不需要的分量，取出

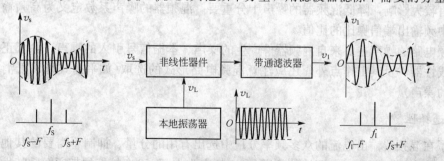

图 6.3　混频器结构及工作原理

差频(或和频)f_I，从而实现了变频作用，f_I称为中频信号。当$f_I < f_S$时称为低中频，简称中频，而$f_I > f_S$时称为高中频。通常将从输出端取出差频的混频称为下混频，而取出和频的混频称为上混频。

图6.3中还画出了输入、输出电压和本振电压波形及频谱。比较输出、输入波形可见，两者的包络形状相同，仅输出信号的载频降低了(这里取$f_I = f_L - f_S$)。另外，从频谱图来看，混频器把输入已调信号的频谱不失真地从f_S搬移到f_I的位置上，其频谱结构没有发生变化，但应注意，高频已调信号的上、下边频搬到中频位置后，分别成了下、上边频。因此，混频电路是一种典型的频率搬移电路。

混频器广泛应用于通信及其他电子设备中，是超外差接收机的重要组成部分；在发送设备中可用来改变载频频率；在频率合成器中常用来实现频率的加减运算，从而得到各种不同的频率以及应用于其他方面。

从电路结构来说，混频器有两种形式。如果非线性器件本身既产生本振信号又实现混频，则称为变频器；如果非线性器件本身仅实现混频，而本振信号由单独的振荡器提供，则称为混频器。变频器的优点是电路简单、节省元件，其缺点是本振信号频率容易受到输入信号频率的牵引，电路工作状态无法使振荡和混频都处于最佳情况，并且一般工作频率不高。混频器由于本振和混频由不同的器件完成，从而便于同时调到最佳工作状态，且本振信号频率不易受到牵引，其缺点是元件多，电路较复杂。

按采用的非线性器件不同，混频器有三极管混频器、二极管混频器和用集成模拟乘法器构成的混频器，还有采用变容二极管等非线性电抗器件构成的参量混频器等。

衡量混频器性能的主要指标有变频增益、噪声系数、隔离度、选择性、输入阻抗、输出阻抗、失真与干扰、工作稳定性等。现将其含义简述如下。

1. 变频(混频)增益 A_{vC}

指混频器输出中频电压U_{Im}(幅值)与输入信号电压U_{Sm}(幅值)的比值，即$A_{vC} = \dfrac{U_{Im}}{U_{Sm}}$。

如果功率比值以分贝表示，则$G_{pC} = 10 \lg \dfrac{P_I}{P_S}$(dB)，其中的$P_I$、$P_S$分别为输出中频信号功率和输入高频信号功率。$A_{vC}$、$G_{pC}$都可以用来衡量混频器将输入高频信号转化为输出中频信号的能力。对超外差接收系统，应要求A_{vC}、G_{pC}的值大，以提高其接收灵敏度。

2. 噪声系数

接收系统的灵敏度取决于其噪声系数。混频器处于接收机的前端，它的噪声电平高低对整机有较大影响，降低混频器的噪声十分重要。混频器的噪声系数定义为高频输入端信噪比与中频输出端信噪比的比值。

混频电路的噪声主要来自混频器件产生的噪声、本振信号引入的噪声。除了正确选取混频非线性器件及其工作点外，还应注意混频电路形式的选取(如平衡式可以抵消本振信号引入的噪声)。

3. 选择性

为了在混频器输出电流的众多频率分量中选出有用的分量、抑制不需要的其他分量干扰，要求输出选频回路对已调波的频谱(中心频率为中频f_I)有较好的带通幅频特性。

4. 失真和干扰

在混频器中会产生幅度失真和非线性失真，还会有各种组合频率分量产生的非线性干扰（如交调失真、互调失真、寄生通道干扰等），因此不但要求选频回路的幅频特性要理想，还应尽量选择场效应管或乘积型器件构成混频器，以尽量减少产生不需要的频率分量。

另外，为了保证混频器工作稳定，还要求本振信号稳定度要高。

6.2　幅度调制电路

幅度调制适用于长波、中波、短波和超短波的无线电广播、电视、雷达等系统。这种调制方式是用要传递的低频信号（如代表语言、音乐、图像的电信号）去控制作为传送载体的高频振荡信号（称为载波）的幅度，使其随低频信号（称为调制信号）线性变化，而保持载波的角频率不变。在幅度调制中，又根据所取出输出已调信号的频谱分量不同，分为普通调幅（标准调幅，用 AM 表示）、抑制载波的双边带调幅（用 DSB 表示）、抑制载波的单边带调幅（SSB）等。它们的主要区别在于产生的方法和频谱结构，在学习时要注意比较各自的特点及其应用。

6.2.1　普通调幅分析

为了理解幅度调制信号（以后简称为调幅波）的基本特性，先介绍普通调幅波的数学表达式、波形图、频谱图以及功率在各频率分量之间的分配关系等。为理解调幅过程，可将调制器画成如图 6.4 所示的形式。图中的两个输入信号分别是高频振荡信号和调制信号，输出信号是已调幅信号。

图 6.4　调幅电路示意图

1. 调幅波的数学表达式

虽然代表语言、音乐、图像等信息的低频调制信号含有多频率成分，但一般都可分解为多个单音（单频）信号。因此，为简化分析，可设输入的调制信号为单音余弦（或正弦）信号，其角频率为 Ω，振幅为 $U_{\Omega m}$，则 $u_{\Omega}(t)=U_{\Omega m}\cos(\Omega t)=U_{\Omega m}\cos(2\pi Ft)$。作为载波的输入高频振荡信号 $u_c(t)=U_{cm}\cos(\omega_c t)=U_{cm}\cos(2\pi f_c t)$。为了保证调幅过程中频谱的线性搬移，应使 f_c 大于或等于 $2F$。

根据调幅的定义，高频振荡信号的振幅不再是恒定不变的 U_{cm} 值，而是在 U_{cm} 之上叠加了一个受调制信号控制的变化量，即调幅波的瞬时幅值为 $U_{cm}(t)=U_{cm}+kU_{\Omega m}\cos(\Omega t)$。式中 k 为比例常数。上式反映了调制信号的变化规律，称为调幅波的包络。由此可写出高频已调幅波的表示式

$$u_{AM}(t)=U_{cm}(t)\cos(\omega_c t)$$
$$=[U_{cm}+kU_{\Omega m}\cos(\Omega t)]\cos(\omega_c t)$$
$$=U_{cm}[1+M_a\cos(\Omega t)]\cos(\omega_c t) \qquad (6-2-1)$$

式中，$M_a=k\dfrac{U_{\Omega m}}{U_{cm}}$ 称为调幅系数。一般应要求 $0<M_a<1$，以使调幅波的包络函数正确地

表现出调制信号的变化。将式(6-2-1)展开可得

$$u_{AM}(t)=U_{cm}\cos(\omega_c t)+M_a U_{cm}\cos(\Omega t)\cos(\omega_c t) \qquad (6-2-2)$$

式(6-2-2)表明，普通调幅波由两部分组成，一部分是未调载波，另一部分是调制信号与单位振幅值载波的相乘项。因此，调幅可通过在时域内的相乘过程实现。

2. 普通调幅波的波形图

根据以上写出的调制信号、高频振荡信号及调幅波的数学表示式，并注意到 $f_c \gg F$、$0 < M_a < 1$，可画出它们的波形图，如图 6.5(a) 所示。

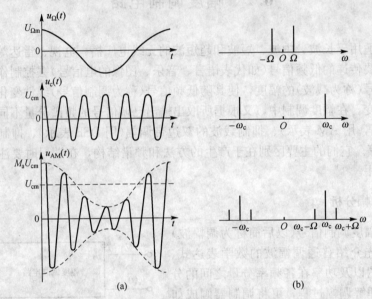

图 6.5　普通调幅波的波形

从图中可以看出：调幅波的振幅不再恒定，而是随调制信号变化，其包络与调制信号波形相同；调幅波的频率仍为 f_c。调制系数 M_a 的大小可以从示波器上显示的 $u_{AM}(t)$ 波形测量得到。从式(6-2-1)可得 $U_{max}=U_{cm}(1+M_a)$ 和 $U_{min}=U_{cm}(1-M_a)$，从而得到 $M_a=\dfrac{U_{max}-U_{min}}{U_{max}+U_{min}}$，只要在示波器上读出 U_{max}、U_{min} 值，即可算出 M_a 的大小。

如果 $M_a > 1$，称为过调制，$u_{AM}(t)$ 的包络不再反映调制信号的变化，其波形如图 6.6

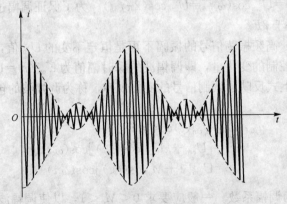

图 6.6　过调幅失真

所示。因此应适当选择 U_{cm}、$U_{\Omega m}$ 值，避免过调制。

3. 普通已调波的频谱

利用三角函数公式，将式(6-2-2)展开，得

$$u_{AM}(t) = U_{cm}\cos\omega_c t + \frac{1}{2}M_a U_{cm}\cos(\omega_c+\Omega)t + \frac{1}{2}M_a U_{cm}\cos(\omega_c-\Omega)t \quad (6-2-3)$$

由式(6-2-3)可看出，单音调制的调幅波由三个频率分量组成，分别是载频 ω_c、上边频分量 $(\omega_c+\Omega)$ 和下边频分量 $(\omega_c-\Omega)$。在频域上表示出频谱，如图 6.5(b) 所示。

由图 6.5(b) 可以看到，调幅过程在频域中是频谱搬移过程。经过调幅，调制信号的频谱被搬移到载频 ω_c 的两旁，成为上边频和下边频，所搬移的频量是载波的角频率 ω_c。

如果调制信号是非正弦的周期信号，对高频振荡信号进行调幅后所画出的频谱图，可进一步说明调幅的频谱搬移特性。将非正弦的、随时间周期变化的调制信号用傅里叶级数展开，可以写为

$$u_{\Omega}(t) = \sum_{n=1}^{n_{max}} U_{\Omega n m}\cos(n\Omega t - \varphi_n) \quad (6-2-4)$$

则调幅波 $u_{AM}(t)$ 可写成

$$u_{AM}(t) = [U_{cm} + k_a u_{\Omega}(t)]\cos\omega_c t$$

$$= U_{cm}\cos\omega_c t + \left[k_a\sum_{n=1}^{n_{max}}U_{\Omega n m}\cos(n\Omega t - \varphi_n)\right]\cos\omega_c t$$

$$= U_{cm}\cos\omega_c t + \sum_{n=1}^{n_{max}}\frac{1}{2}M_{an}U_{cm}\cos[(\omega_c+n\Omega)t - \varphi_n]$$

$$+ \sum_{n=1}^{n_{max}}\frac{1}{2}M_{an}U_{cm}\cos[(\omega_c-n\Omega)t - \varphi_n] \quad (6-2-5)$$

式中，$M_{an}=k_a U_{\Omega n m}$。可画出 $u_{AM}(t)$ 的频谱，如图 6.7 所示。

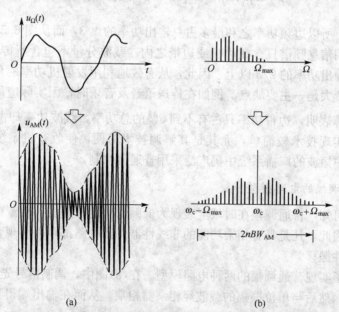

图6.7 复杂信号调幅的波形和频谱

由图 6.7(a)和图 6.7(b)可以看出，用较复杂的调制信号 $u_\Omega(t)$ 对高频振荡信号 $u_c(t)$ 调幅的结果，在频域上的表现是将调制信号的频谱结构不失真地搬移了一个频量 ω_c，成为上边频带和下边频带。

综上所述，不论单音调幅或复杂信号调幅，在时域上都表现为调制信号与高频载波信号的相乘过程；在波形图上是将 $u_\Omega(t)$ 的波形不失真地叠加到 $u_c(t)$ 的振幅上；在频域上则是将 $u_\Omega(t)$ 的频谱不失真地从零点附近搬移一个频量 ω_c，即移到载频 ω_c 的两旁。

4. 普通调幅波的频带宽度

复杂信号调制时，从图 6.7 可以看出，调幅波的频谱宽度为

$$BW_{AM} = 2F \tag{6-2-6}$$

是调制信号频谱宽度的两倍。

为了避免电台之间的互相干扰，对不同频段与不同用途的频带宽度有严格规定。如广播电台所允许占用的带宽为 9 kHz，这就要求调制信号的最高频率限制在 4500 Hz 以内。

5. 普通调幅的功率分配

从单音信号的调幅波表示式(6-2-3)中可以写出载波在单位电阻上所消耗的功率为

$$P_c = \frac{1}{2}U_{cm}^2 \tag{6-2-7}$$

每个边频分量所消耗的功率为

$$P_{SB1} = P_{SB2} = \frac{1}{2}\left(\frac{1}{2}M_a U_{cm}\right)^2 = \frac{1}{4}M_a^2 P_c \tag{6-2-8}$$

调幅波在调制信号一个周期内输出的平均总功率为

$$P_{av} = P_c + P_{SB1} + P_{SB2} = P_c\left(1 + \frac{1}{2}M_a^2\right) \tag{6-2-9}$$

因为 $M_a \leqslant 1$，所以边频功率之和最多占总输出功率的 1/3，而从图 6.5(b)和图 6.7 知道，欲传递的有用信息频谱只含在边频或边带之内。载波分量不包含所传送的有用信息，却占有调幅波总输出功率的 2/3 以上。因此，从有效地利用发射机功率的角度考虑，普通调幅波的能量浪费大是一主要缺点。例如在传送语音及音乐时，因实际应用的平均调制系数 $\overline{M}_a = 0.3$，计算表明，边带功率只占有不到 5% 的总功率，载波功率却占 95% 以上。考虑到普通调幅的实现技术较简单，尤其是其解调技术简便，使收音机系统制作容易、廉价，因而目前在中短波的广播系统中仍广泛采用普通调幅制。

6. 实现普通调幅的电路模型

由以上讨论可知，普通调幅在时域上表现为低频调制信号叠加一直流电压后与高频载波信号的相乘。因此，凡是具有相乘功能的非线性器件和电路都可以实现普通调幅，完成频域上的频谱线性搬移。

图 6.8 给出了实现普通调幅的两种电路模型。在(a)图中，调制信号先与直流电压 U_{cm} 通过加法器相加，然后与单位振幅的载波经相乘器相乘，从而在输出端得到调幅信号；对 (b)图可以进行类似分析。

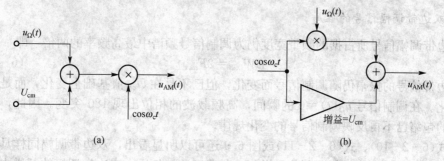

图 6.8　实现普通调幅的两种方案

6.2.2　双边带调幅分析

以上讨论已指出，调幅波所传递的信息包含在两个边带内，不含信息的载波占据了调幅波功率的绝大部分。如果在传输前将载波抑制掉，可大大节省发射功率，而仍具有传递信息的功能。这就是抑制载波的双边带调幅(DSB)，也可简称为双边带调幅。

1. 双边带调幅信号的表示式、频谱及实现模型

由式(6-2-3)可知，抑制载波后的表示式即为双边带调幅波，可以由调制信号 $u_\Omega(t)$ 和载波信号 $u_c(t)$ 直接相乘得到。

$$u_{DSB}(t)=ku_\Omega(t)u_c(t)=\frac{1}{2}kU_{cm}U_{\Omega m}\left[\cos(\omega_c+\Omega)t+\cos(\omega_c-\Omega)t\right] \quad (6-2-10)$$

式中，常数 k 的大小取决于相乘器电路。如果 $u_\Omega(t)$ 为多频周期信号，则抑制载波后的双边带信号可由式(6-2-5)写出：

$$u_{DSB}(t)=\frac{1}{2}\sum_{n=1}^{n_{\max}}M_{an}U_{cm}\cos\left[(\omega_c+n\Omega)t-\varphi_n\right]+\frac{1}{2}\sum_{n=1}^{n_{\max}}M_{an}U_{cm}\cos\left[(\omega_c-n\Omega)t-\varphi_n\right]$$

$$(6-2-11)$$

图 6.9 给出了实现 DSB 调幅的电路模型及相应各信号的波形、频谱图。

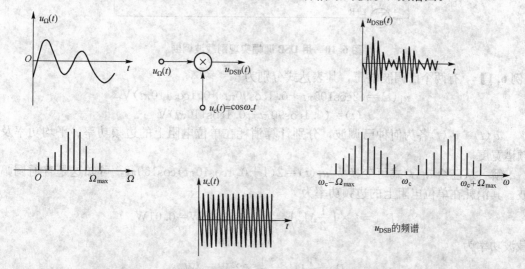

图 6.9　实现 DSB 调幅的电路模型及其波形图、频谱图

2. 双边带调幅信号的性质

双边带调幅信号所占据的频带宽度仍为调制信号频谱中最高频率的两倍，即

$$BW_{DSB} = 2F_{max} \qquad (6-2-12)$$

双边带信号的振幅仍随调制信号而变化，但已不是在 U_{cm} 值基础上变化，而是在零值上下变化。在调制信号 $u_\Omega(t) = 0$ 的瞬间，高频载波的相位出现 $180°$ 突变。因此，双边带调幅波的包络已不再反映调制信号的变化规律。

从式(6-2-10)、式(6-2-11)或图 6.9 还可以明显看出，双边带调幅同样具有频谱搬移特性，其频谱结构仍与调制信号类似。与普通调幅相比，双边带调幅的频谱中抑制掉了载频分量(对比图 6.9 和图 6.7 即可以看出)。

抑制载波的双边带调幅广泛用于彩色电视系统、调频、调幅的立体声广播等系统。

作为实例，图 6.10 给出了在立体声调频广播中采用双边带调幅技术实现副载波调制的电路模型。

图中 L、R 分别表示立体声系统的左、右声道两个音频通路的信号。图中的加法器 $\sum_1$ 提供一个(L−R)信号，它占据 15kHz 以下的音频信号范围；高频副载波由 38kHz 的晶振提供，与(L−R)信号一起送入相乘器，产生出双边带调幅信号 u_{DSB}；加法器 $\sum_2$ 产生(L+R)信号，送给加法器 $\sum_3$，以便与调频广播兼容。图中将 38kHz 的载频分频，获得 19kHz 的导频载波，并送给加法器 $\sum_3$ 与 u_{DSB} 信号一起发射出去，以便于在接收端解调出(L−R)信号。

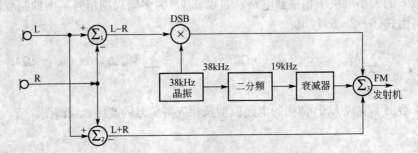

图 6.10　用 DSB 调幅实现副载波调制

【例 6.1】　有两个已调波电压，其表达式分别为

$$u_1(t) = (2\cos100\pi t + 0.1\cos90\pi t + 0.1\cos110\pi t)V$$
$$u_2(t) = (0.1\cos90\pi t + 0.1\cos110\pi t)V$$

$u_1(t)$、$u_2(t)$ 各为何种已调波，分别计算消耗在单位电阻上的边频功率、平均功率及频谱宽度。

解　从已给 $u_1(t)$ 式可变换为 $u_1(t) = 2(1+0.1\cos10\pi t)\cos100\pi t$，可知这是普通调幅波。其消耗在单位电阻上的边频功率为

$$P_{side} = 2\times\left(\frac{1}{2}M_a^2\right) = 2\times\frac{1}{2}\times0.1^2\,W = 0.01W$$

载波功率为

$$P_c = \frac{1}{2}U_{cm}^2 = \frac{1}{2}\times2^2\,W = 2W$$

$u_1(t)$ 的平均总功率为 $P=P_{\text{side}}+P_{\text{c}}=(0.01+2)\text{W}=2.01\text{W}$，频谱宽度 $BW=2F=2\times 10\pi/2\pi\text{Hz}=10\text{Hz}$；同样对于所给的 $u_2(t)$，可写为 $u_2(t)=0.2\cos10\pi t\cos100\pi t$，可看出 $u_2(t)$ 是抑制载波的双边带调幅波，$F=10\pi/2\pi\text{Hz}=5\text{Hz}$、$f_{\text{c}}=100\pi/2\pi\text{Hz}=50\text{Hz}$。其边频功率为

$$P_{\text{side}}=2\times\left(\frac{1}{2}\times0.1^2\right)\text{W}=0.01\text{W}$$

总功率 P 等于边频功率 P_{side}，频谱宽度 $BW=2F=10\text{Hz}$。

从此题可以看出，在调制频率 F、载频 f_{c}、载波振幅 U_{cm} 一定时，若采用普通调幅，单位电阻所吸收的边频功率 P_{side} 只占平均功率的大约 0.49%，而不含信息的载频功率却占 95% 以上，在功率发射上是一种极大浪费；两种调幅波的频谱宽度一样。

【例 6.2】　已知两调幅波的表达式分别为 $u_1(t)=(1+1/2\cos\Omega t)\cos\omega_{\text{c}}t$，$u_2(t)=\sin\Omega t\sin\omega_{\text{c}}t$，分别画出 $u_1(t)$、$u_2(t)$ 的波形和频谱（取 $\omega_{\text{c}}=5\Omega$）。

解　$u_1(t)=\left(1+\dfrac{1}{2}\cos\Omega t\right)\cos\omega_{\text{c}}t=\left(1+\dfrac{1}{2}\cos\Omega t\right)\cos5\Omega t$，可知 $u_1(t)$ 为普通调幅波，载波振幅值为 1，调幅后的最大振幅为 $(1+1/2)=1.5$，最小振幅为 $(1-1/2)=0.5$，画出的波形图如图 6.11(a) 所示，可以看到 $u_1(t)$ 的包络形状与调制信号 $\dfrac{1}{2}\cos\Omega t$ 的变化相同；在画出其频谱图时应先将 $u_1(t)$ 展开，可得 $u_1(t)=\cos5\Omega t+\dfrac{1}{4}\cos6\Omega t+\dfrac{1}{4}\cos4\Omega t$，看出 $u_1(t)$ 中含有载频 5Ω；上边频 6Ω，下边频 4Ω 三个频率分量，其频谱图如图 6.11(b) 所示。

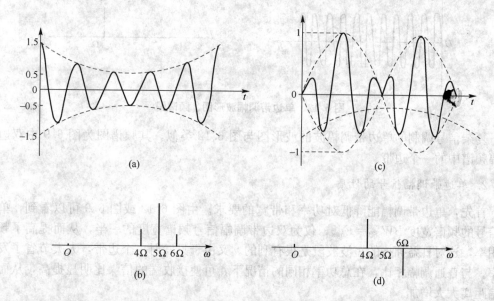

图 6.11　普通调幅波与 DSB 波波形图及频谱图

画出 $u_2(t)=\sin\Omega t\sin\omega_{\text{c}}t=\sin\Omega t\sin5\Omega t$ 的波形如图 6.11(c) 所示，可知 $u_2(t)$ 的包络仍然随调制信号 $\sin\Omega t$ 变化，但不是叠加在载波振幅（此题中为 1）上，而是在零值上、下变化，使原载波 $\sin5\Omega t$ 的相位在 $\sin\Omega t$ 的过零点处反相；画其频谱图时，$u_2(t)$ 可写为：$u_2(t)=\dfrac{1}{2}\cos4\Omega t-\dfrac{1}{2}\cos6\Omega t$，可知 $u_2(t)$ 中仅含有两个边频分量 4Ω，6Ω，为抑制载波的双

边带调幅波，$u_2(t)$的频谱如图 6.11(d)所示。

6.2.3　单边带调幅分析及实现模型

由图 6.9 所示的双边带调幅信号的频谱图可以看出，u_{DSB}信号的上、下两个边带所含调制信号的频谱结构完全相同。因此，从提高通信的有效性考虑，只传送一个边带更合理，这就是单边带调幅(SSB)。

1. SSB 信号的表示式、波形图及频谱图

对式(6-2-10)或式(6-2-11)所表示的抑制载波的双边带调幅信号，只要取出其中的一个边带部分，即可包含调制信号的全部信息，而成为单边带调幅。显然，其表示式为（设取出上边带信号）。

$$u_{SSB}(t) = \frac{1}{2} k U_{cm} U_{\Omega m} \cos(\omega_c + \Omega)t \qquad (6-2-13)$$

或

$$u_{SSB}(t) = \frac{1}{2} \sum_{n=1}^{n_{max}} M_{an} U_{cm} \cos\left[(\omega_c + n\Omega)t - \varphi_n\right] \qquad (6-2-14)$$

由式(6-2-13)可画出单边带调幅波的波形图和频谱图，如图 6.12 所示（设单音调制）。

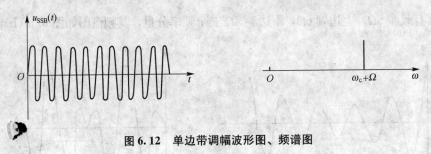

图 6.12　单边带调幅波形图、频谱图

复杂信号调制的单边带调幅波的波形图与图 6.12 类似，其频谱图为图 6.9 中双边带调幅频谱中的一个边带。

2. 单边带调幅信号的性质

首先，单边带调幅能降低对功率和带宽的要求。由图 6.12 或图 6.9 可以看到，单边带信号的频谱宽度 $BW_{SSB} = F_{max}$，仅为双边带调幅信号频谱宽度的一半，从而提高了频带利用率，这对日益拥挤的短波波段是很有利的。又由于只发射一个边带，大大节省了发射功率。与普通调幅相比，在总功率相同的情况下，可使接收端的信噪比明显提高，从而使通信距离大大增加。

从频谱结构看，单边带调幅信号所含频谱结构仍与调制信号的频谱类似，从而也具有频谱搬移特性。

从波形图可以看出，单音调制的单边带调幅信号为一单频$(\omega_c + \Omega)$或$(\omega_c - \Omega)$的余弦波形，其包络已不体现调制信号的变化规律。由此可以推知，对单边带信号的解调技术会较为复杂。

3. 单边带调幅信号的实现

从前面所讨论的单边带调幅信号的表达式、波形图还可以看出，单边带调幅已不能再由调制信号与载波信号的简单相乘实现。

从单边带调幅信号的时域表达式和频谱特性出发，可以有两种基本的电路实现模型，即滤波法和移相法。

1) 滤波法

比较双边带调幅信号和单边带调幅信号的频谱结构，可知实现单边带调幅的最直观方法是：先产生双边带调幅信号，再用滤波器滤除其中一个边带（上边带或下边带），而保留另一个边带（下边带或上边带）。这种方法的电路模型如图 6.13 所示。

调制信号与载波信号经相乘器相乘后得到双边带信号，再由滤波器滤除双边带信号中的一个边带，在输出端即得到单边带信号。

滤波法的缺点是对滤波器的要求较高。对于要求保留的边带，滤波器应能使其无失真地完全通过，而对于要求滤除的边带，则应有很强的衰减特性。直接在高频上设计、制造出这样的滤波器较为困难。为此，可考虑先在较低的频率上实现单边带调幅，然后向高频处进行多次频谱搬移，一直搬到所需要的载频值。

2) 移相法

这种方法的电路模型如图 6.14 所示。

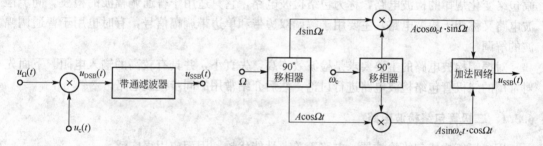

图 6.13　滤波法实现单边带调幅　　　　图 6.14　移相法实现单边带调幅

将低频调制信号送到移相网络，此网络应在调制信号频带内的所有频率上，都产生两个幅度相等、相位差为 90°的输出。在另一条通路上，产生载波振荡器的输出也应有 90°相移。如果准确地满足以上相位要求，而且两路的相乘器相同，则对于某一个边带，合成的输出相互抵消，而对另外一个边带，合成的输出相加，即

$$u_{\circ}(t)=A\cos\omega_c t\sin\Omega t+A\sin\omega_c t\cos\Omega t=A\sin(\omega_c+\Omega)t \qquad (6-2-15)$$

移相法虽然不需要滤波法中难以实现的滤波器，但要使移相网络对于较低频率的调制信号在宽频带内都能准确地产生相位差严格为 90°的两个音频信号，也很困难。

3) 修正的移相滤波法

用移相法或滤波法实现单边带调幅，都存在一定的技术困难。如果将这两种方法结合，则可以克服难以在宽带内移相的缺点，而只需在某一固定频率上移相 90°。

图 6.15 给出了这种修正的移相滤波法实现单边带调幅的电路框图。图中的移相网络Ⅰ、Ⅱ分别工作在固定频率 ω_1、ω_2 上，因此其设计制作、维护都比较简单，适用于小型轻便设备。

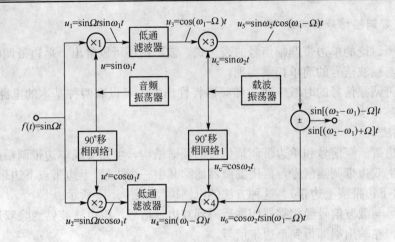

图 6.15　移相滤波法实现单边带调幅

6.3　幅度解调电路

常用的振幅检波电路有两类,即包络检波和同步检波电路。输出电压直接反映高频调幅包络变化规律的检波电路,称为包络检波电路,它只适用于普通调幅波的检波。同步检波电路又称相干检波电路,主要用于解调双边带和单边带调幅信号,有时也用于普通调幅波的解调。

对振幅检波电路的主要要求是检波效率高,失真小,并具有较高的输入电阻。下面先对常用的二极管包络检波电路进行讨论,然后介绍常用的同步检波电路。

6.3.1　二极管包络检波电路

用二极管构成包络检波器,电路简单,性能优越,因而应用很广泛。

1. 工作原理

二极管包络检波电路如图 6.16(a)所示,它由二极管 V 和 RC 低通滤波器串联组成。一般要求输入信号的幅度在 0.5V 以上,所以二极管处于大信号工作状态,故又称为大信号检波器。

设检波器未加输入电压时,电容 C 上没有储存电荷。当输入信号 u_s 为一角频率为 ω_c 的等幅波时,在 u_s 正半周内,二极管导通,u_s 通过二极管向电容 C 充电,因二极管的正向导通电阻为 $r_D(=1/g_D)$,且 $r_D \ll R$,所以充电时间常数为 $r_D C$;在 u_s 负半周内,二极管截止,C 通过电阻 R 放电,放电时间常数为 RC。由于 $r_D \ll R$,所以,在每个周期内,二极管导通时 C 充电很快,而截止时 C 放电很慢,u_O 将在这种不断充、放电过程中逐渐增长,如图 6.16(b)所示。由于负载的反作用,由图 6.16(a)可见,作用在二极管两端的电压为($u_s - u_O$),只有当 $u_s > u_O$ 时二极管才导通,所以随着 u_O 的逐渐增大,二极管每个周期的导通时间逐渐减小,而截止时间逐渐增大,如图 6.16(b)所示。这就使电容在每个周期内的充电电荷量逐渐减少,放电电荷量逐渐增大,当 C 的充电电荷量等于放电电荷量

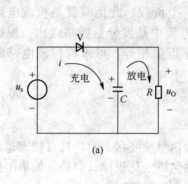

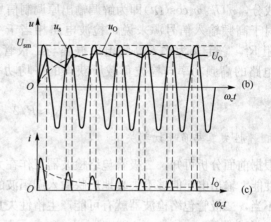

图 6.16　二极管包络检波器及其检波波形

(a) 电路　(b) 电压波形　(c) 电流波形

时，充放电达到动态平衡。这时输出电压 u_O 便稳定地在平均值 U_O 上下按角频率 ω_c 作锯齿状的等幅波动。显然，其中的 U_O 就是检波器所需输出的检波电压，而在 U_O 上下的锯齿状波动则是因低通滤波器滤波特性非理想而附加在 U_O 上的残余高频电压。

通过以上分析可见，由于 u_O 的反作用，二极管只在 u_s 的峰值附近才导通，导通时间很短，电流通角很小，通过二极管的电流是周期性的窄脉冲序列，如图 6.16(c) 所示。同时，二极管导通与截止时间的长短与 RC 的大小有关，RC 增大，C 的放电速度减慢，C 积累的电荷便增多，输出电压 u_O 增大，二极管的导电时间则越短。在实际电路中，为了提高检波性能，RC 的取值足够大，满足 $RC \gg 1/\omega_c$、$R \gg r_D$ 的条件，此时可认为 $U_O \approx U_{sm}$。

当输入信号 u_s 的幅度增大或减小时，检波器输出电压 U_O 也将随之近似成比例地升高或降低。当输入信号为调幅波时，检波器输出电压 u_O 就随着调幅波的包络线而变化，从而获得调制信号，完成了检波作用，其检波波形如图 6.17 所示。由于输出电压 u_O 的大小与输入电压的峰值接近相等，故把这种检波器称为峰值包络检波器。

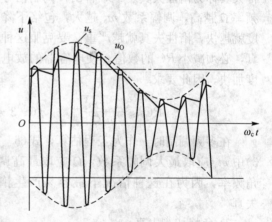

图 6.17　调幅波包络检波波形

2. 检波效率与输入电阻

若检波电路输入调幅波电压为 $u_s = U_{m0}[1 + m_a \cos(\Omega t)] \cos(\omega_c t)$。由于包络检波电路输出电压与输入高频电压振幅成正比，所以，检波器输出电压 u_O 为

$$u_O = \eta_d U_{m0}[1 + m_a \cos(\Omega t)]$$
$$= \eta_d U_{m0} + \eta_d U_{m0} m_a \cos(\Omega t) \qquad (6-3-1)$$

式中，η_d 称为检波电压传输系数，又称检波效率。η_d 小于 1，而近似等于 1，实际电路中 η_d 在 80% 左右。当 R 足够大时，η_d 为常数，故为线性检波。$\eta_d U_{m0}$ 为检波器输出电压中的

直流成分，$\eta_d U_{m0} m_a \cos(\Omega t)$ 即为解调输出原调制信号电压。

对于高频输入信号源来说，检波电路相当于一个负载，此负载就是检波电路的输入电阻 R_i，它定义为输入高频电压振幅与二极管电流中基波分量振幅之比。根据输入检波电路的高频功率与检波负载所获得的平均功率近似相等，可求得检波电路的输入电阻

$$R_i \approx R/2 \qquad\qquad (6-3-2)$$

3. 惰性失真与负峰切割失真

根据前面分析可知，二极管包络检波器工作在大信号检波状态时，具有较理想的线性解调性能，输出电压能够不失真地反映输入调幅波的包络变化规律。但是，如果电路参数选择不当，二极管包络检波器就有可能产生惰性失真和负峰切割失真。

1) 惰性失真

为了提高检波效率和滤波效果，常希望选取较大的 RC 值，使电容器在载波周期 T_c 内放电很慢。C 上电压的平均值便能够不失真地跟随输入电压包络变化。但是当 RC 选得过大，也就是 C 通过 R 的放电速度过慢，电容器上的端电压便不能紧跟输入调幅波的幅度下降而及时放电，这样输出电压将跟不上调幅波的包络变化而产生失真，如图 6.18 所示，这种失真称为惰性失真。不难看出，调制信号角频率 Ω 越高，调幅系数 m_a 越大，包络下降速度就越快，惰性失真就越严重。要克服这种失真，必须减小 RC 的数值，使电容器的放电速度加快，因此要求

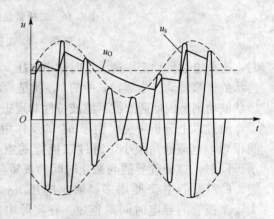

图 6.18　惰性失真波形

$$RC \leqslant \frac{\sqrt{1-m_a^2}}{m_a \Omega} \qquad (6-3-3)$$

在多频调制时，作为工程估算，式（6-3-3）中 m_a 应取最大调幅系数，Ω 应取最高调制角频率，因为在这种情况下最容易产生惰性失真。

2) 负峰切割失真

在实际电路中，检波电路的输出端一般需要经过一个隔直电容 C_C 与下级电路相连接，如图 6.19(a) 所示。图中，R_L 为下级（低频放大级）的输入电阻，为了传送低频信号，要求 C_C 对低频信号阻抗很小，因此它的容量比较大。这样检波电路对于低频的交流负载变为 $R_L' \approx R_L /\!/ R$（因 $1/\Omega C \gg R$，略去了 C 的影响）而直流负载仍为 R，且 $R_L' < R$，即说明该检波电路

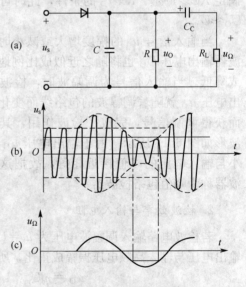

图 6.19　负峰切割失真

（a）检波电路　（b）输入电压波形
（c）输出电压波形

中直流负载不等于交流负载，并且交流负载电阻小于直流负载电阻。

当检波电路输入单频调制的调幅信号如图 6.19(b) 所示，如调幅系数 m_a 比较大时，因检波电路的直流负载电阻 R 与交流负载电阻 R'_L 数值相差较大，有可能使输出的低频电压 u_Ω 在负峰值附近被削平，如图 6.19(c) 所示，把这种失真称为负峰切割失真。根据分析，R'_L 与 R 满足下面的关系

$$\frac{R'_L}{R} \geqslant m_{a\max} \tag{6-3-4}$$

就可以避免产生负峰切割失真。式(6-3-4)中，$m_{a\max}$ 为多频调制时的最大调幅系数。式 (6-3-4)说明 R'_L 与 R 大小越接近，不产生负峰切割失真所允许的 m_a 值就越接近于1，或者说，当 m_a 一定时，R_L 越大、R 越小，负峰切割失真就越不容易产生。

4. 二极管并联检波电路

二极管并联检波电路如图 6.20 所示。图中 C 是负载电容并兼作隔直电容，R 是负载电阻，与二极管并接，为二极管电流中的平均分量提供通路。鉴于 R 与二极管并联，所以，把这种电路称为并联检波器，而把前面讨论的二极管与 R 串联的检波电路称为串联检波器。

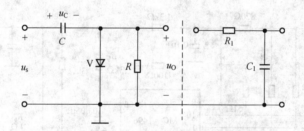

图 6.20 二极管并联检波电路

并联检波器与串联检波器的工作原理相似。令输入高频电压 u_s 的幅度较大，二极管处于大信号工作状态。在 u_s 正半周内，二极管导通，u_s 向 C 充电，充电时间常数为 $r_D C$；在 u_s 负半周内，V 截止，C 通过 R 放电，放电时间常数为 RC。由于 $R \gg r_D$，C 充电很快而放电很慢，因而 C 两端建立起与输入高频电压振幅接近相等的电压 u_C，其中的低频分量与输入高频电压的包络一致，所以，并联检波器也属于包络检波。但由图 6.20 可见，并联检波器的输出电压 u_O 并不等于 u_C，而等于 u_s 与 u_c 的差值。其中不仅含有直流、低频电压，还含有输入高频电压。因此，输出端还需加接低通滤波器，将高频成分滤除，如图 6.20 中虚线右边电路。

与串联检波电路比较，由于并联检波器中 R 通过 C 直接与输入信号源并联，因而 R 必然消耗输入高频信号的功率。根据能量守恒原理，可以求得并联检波器的输入电阻为

$$R_i \approx \frac{1}{3} R \tag{6-3-5}$$

6.3.2 同步检波电路

同步检波电路与包络检波不同，检波时需要同时加入与载波信号同频同相的同步信号。同步检波有两种实现电路，一为乘积型同步检波电路，另一种为叠加型同步检波

电路。

1. 乘积型同步检波电路

利用相乘器构成的同步检波电路称为乘积型同步检波电路。在通信及电子设备中广泛采用二极管环形相乘器和双差分对模拟集成相乘器构成同步检波电路。二极管环形相乘器既可用作调幅，也可用作解调。但两者信号的接法刚好相反。同样，为了避免制作体积较大的低频变压器(或考虑到混频组件变压器低频特性较差)，常把输入高频同步信号 u_r 和高频调幅信号 $u_s(t)$ 分别从变压器 Tr_1 和 Tr_2 接入，将含有低频分量的相乘输出信号从 Tr_1、Tr_2 的中心抽头处取出，再经低通滤波器，即可检出原调制信号。若同步信号振幅比较大，使二极管工作在开关状态，就可减小检波失真。

图 6.21 所示为采用 MC1496 双差分对集成模拟相乘器组成的同步检波电路。图中 u_r 同步信号加到相乘器的 10 引脚(X 输入端)，其值一般比较大，以使相乘器工作在开关状态。$u_s(t)$ 为调幅信号，加到 1 引脚(Y 输入端)，其幅度可以很小，即使在几毫伏以下，也能获得不失真的解调。解调信号由 12 引脚单端输出，C_5、R_6、C_6 组成 π 型低通滤波器，C_7 为输出耦合隔直电容，用以耦合低频、隔除直流。MC1496 采用单电源供电，所以，5 引脚通过 R_5 接到正电源端，以便为器件内部管子提供合适的静态偏置电流。

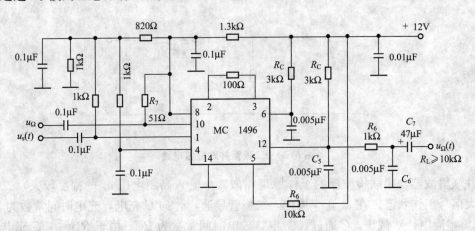

图 6.21 MC1496 乘积型同步检波电路

2. 叠加型同步检波电路

叠加型同步检波电路是将需解调的调幅信号与同步信号先进行叠加，然后用二极管包络检波电路进行解调的电路，其电路如图 6.22 所示。

设输入调幅信号 $u_s(t)=U_{sm}\cos(\Omega t)\cos(\omega_c t)$，同步信号 $u_r(t)=U_{rm}\cos(\omega_c t)$，则它们相叠加后的信号为

$$u_i = u_r + u_s = U_{rm}\cos(\omega_c t) + U_{sm}\cos(\Omega t)\cos(\omega_c t)$$

$$= U_{rm}\left[1+\frac{U_{sm}}{U_{rm}}\cos(\Omega t)\right]\cos(\omega_c t) \qquad (6-3-6)$$

由式(6-3-6)说明，当 $U_{rm}>U_{sm}$ 时，$m_a=\dfrac{U_{sm}}{U_{rm}}<1$，合成信号为不失真的普通调幅波，因而通过包络检波电

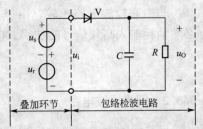

图 6.22 叠加型同步检波电路

路便可解调出所需的调制信号。令包络检波电路的检波效率为 η_d，则检波输出电压为

$$u_O = \eta_d U_{rm}\left[1 + \frac{U_{sm}}{U_{rm}}\cos(\Omega t)\right]$$

$$= \eta_d U_{rm} + \eta_d U_{sm}\cos(\Omega t)$$

$$= U_O + u_\Omega \qquad\qquad (6-3-7)$$

式中，$U_O = n_d U_{rm}$ 为检波输出的直流分量；$u_\Omega = \eta_d U_{sm}\cos(\Omega t)$ 为检波输出的低频信号。

如果输入为 SSB 信号，以单音频调制信号为例，即 $u_s(t) = U_{sm}\cos(\omega_c + \Omega)t$，则叠加后的信号为

$$u_i = u_r + u_s = U_m\cos(\omega_c t + \varphi) \qquad\qquad (6-3-8)$$

当 $U_{rm} \gg U_{sm}$ 时，式中

$$U_m \approx U_{rm}\left[1 + \frac{U_{sm}}{U_{rm}}\cos(\Omega t)\right] \qquad\qquad (6-3-9)$$

$$\varphi \approx 0$$

可见，两个不同频率的高频信号电压叠加后的合成电压，是振幅及相位都随时间变化的调幅调相波，当两者幅度相差较大时，近似为 AM 波。合成电压的振幅按两者频差规律变化的现象，称为差拍现象。将叠加后的合成电压送至包络检波器，则可解出所需的调制信号，有时把这种检波称为差拍检波。

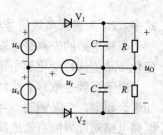

图 6.23　平衡同步检波电路

为了进一步减少谐波频率分量，可采用图 6.23 所示的平衡同步检波电路。可以证明，它的输出解调电压中频率为 2Ω 及其以上各偶次谐波的失真分量被抵消了。

最后必须指出，不管是乘积型还是叠加型同步检波，都要求同步信号与发送端载波信号严格保持同频同相，否则就会引起解调失真。当相位相同而频率不等时，将产生明显的解调失真；当频率相等而相位不同时，则检波输出将产生相位失真。因此，如何产生一个与载波信号同频同相的同步信号是极为重要的。对于双边带调幅波，同步信号可直接从输入的双边带调幅波中提取，即将双边带调幅波信号 $u_s(t) = U_{sm}\cos(\Omega t)\cos(\omega_c t)$ 取平方并从中取出角频率为 $2\omega_c$ 的分量，经二分频器将它变换成角频率为 ω_c 的同步信号。对于单边带调幅波，同步信号无法从中提取出来。为了产生同步信号，往往在发送端发送单边带调幅信号的同时，附带发送一个功率远低于边带信号功率的载波信号，称为导频信号，接收端收到导频信号后，经放大就可以作为同步信号。也可用导频信号去控制接收端载波振荡器，使之输出的同步信号与发送端载波信号同步。如发送端不发送导频信号，那么，发送端和接收端均应采用频率稳定度很高的石英晶体振荡器或频率合成器，以使两者频率相同且稳定不变，显然在这种情况下，要使两者严格同步是不可能的，但只要接收端同步信号与发送端载波信号的频率之差在容许范围之内还是可用的。

6.4　混　频　器

混频电路广泛应用于通信及其他电子设备中，是超外差接收机的重要组成部分。在发

送设备中可用它来改变载波频率，以改善调制性能。在频率合成器中常用它来实现频率的加、减运算，从而得到各种不同的频率等。

原则上，凡是具有相乘功能的器件，都可用来构成混频电路。目前高质量的通信设备中广泛采用二极管环形混频器和双差分对模拟相乘器，而在一般接收机中，为了简化电路，仍采用简单的三极管混频电路。

通常要求混频电路的混频增益高，失真小，抑制干扰信号的能力强。

混频增益是指输出中频电压 U_I 与输入高频电压 U_s 之比值，即

$$A_c = U_I/U_s \qquad\qquad (6-4-1)$$

用分贝数（单位为 dB）表示

$$A_c = 20\lg U_I/U_s \qquad\qquad (6-4-2)$$

对于二极管环形混频电路，因混频增益小于 1，故用混频损耗（单位为 dB）来表示，它定义为

$$10\lg(P_S/P_I)$$

式中，P_S 为输入高频信号功率；P_I 为输出中频信号功率。

混频电路的失真是指输出中频信号的频谱结构相对于输入高频信号的频谱结构产生的变化，希望这种变化越小越好。

由于混频是依靠非线性特性来完成的，因此在混频过程中，会产生各种非线性干扰，如组合频率，交叉调制、互相调制等干扰。这些干扰将会严重地影响通信质量，因此要求混频电路对此应能有效地抑制。

6.4.1 混频电路

1. 二极管环形混频器和双差分对混频器

在很长一段时间内二极管环形混频器是高性能通信设备中应用最广泛的一种混频器，虽然目前由于双差分对集成模拟相乘器产品性能不断改善和提高，使用也越来越广泛，但在微波波段仍广泛使用二极管环行混频器组件。二极管环形混频器的主要优点是工作频带宽，可达到几千兆赫，噪声系数低，混频失真小，动态范围大等优点，但其主要缺点是没有混频增益。双差分对相乘器混频电路主要优点是混频增益大，输出信号频谱纯净、混频干扰小，对本振电压的大小无严格的限制，端口之间隔离度高。主要缺点是噪声系数较大。

图 6.24 所示是采用二极管环行混频器组件构成的混频电路，图中 u_s、R_{s1} 为输入信号源，u_L、R_{s2} 为本振信号源，R_L 为中频信号的负载。为了保证二极管工作在开关状态，本振信号 u_L 的功率必须足够大，而输入信号 u_s 的功率必须远小于本振功率。实际二极管环形混频器组件各端口的匹配阻抗均为 50Ω，应用时各端口都必须接入滤波匹配网络，分别实现混频器与输入信号源、本振信号源、输出负载之间的阻抗匹配。

图 6.25 所示是用 MC1496 双差分集成模拟相乘器构成的混频电路。图中，本振电压 u_L 由 10 引脚（X 输入端）输入，信号电压由 1 引脚（Y 输入端）输入，混频后的中频（$f_I = 9\text{MHz}$）电压由 6 引脚经 π 型滤波器输出。该滤波器的带宽约为 450kHz，除滤波外还起到阻抗变换作用，以获得较高的变频增益。当 $f_c = 30\text{MHz}$，$U_{sm} \leqslant 15\text{mV}$，$f_L = 39\text{MHz}$，

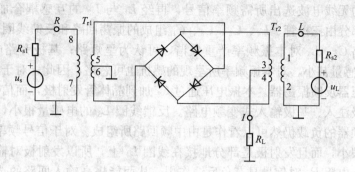

图 6.24　二极管环形混频电路

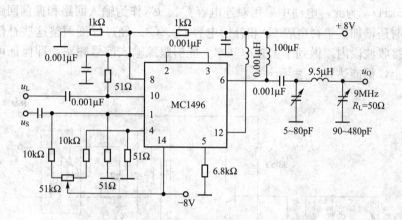

图 6.25　MC1496 构成的混频电路

$U_{Lm}=100mV$ 时，电路的变频增益可达 13dB，为了减小输出信号波形失真，1 引脚与 4 引脚间接有调平衡的电路，使用时应仔细调整。

2. 晶体三极管混频电路

图 6.26 所示为三极管混频电路原理图。输入信号 u_s 和本振信号 u_L 都由基极输入，输出回路调谐在中频 $f_I = f_L - f_c$ 上。

由图 6.26 可见，$u_{BE}=V_{BB}+u_L+u_s$。一般情况下，u_L 为大信号，u_s 为小信号，且 $U_{Lm} \gg U_{sm}$，三极管工作在线性时变工作状态。

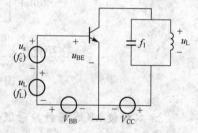

图 6.26　三极管混频电路原理图

三极管混频电路是利用三极管转移特性的非线性特性实现混频的。由图 6.26 可见，直流偏置 V_{BB} 与本振电压 u_L 相叠加，作为三极管的等效偏置电压，使三极管的工作点按 u_L 的变化规律随时间而变化，因此将（$V_{BB}+u_L$）称为时变偏压。输入 u_s 时三极管即工作在线性时变状态，其集电极电流 i_C 中将产生 f_L 和 f_c 的和差频率分量及其他组合频率分量，经过谐振网络便可取出中频 $f_I = f_L - f_c$（或 $f_I = f_L + f_c$）的信号输出，当三极管转移特性为一平方律曲线时，其混频的失真和无用组合频率分量输出都很小。

图 6.27 所示为广播收音机中中波常用的混频电路，此电路混频和本振都由三极管 V 完成，故又称变频电路，中频 $f_I = f_L - f_c = 465kHz$。由 L_1、C_0、C_{1a} 组成的输入回路从磁

性天线接收到的无线电波选出所需频率信号，再经 L_1 与 L_2 的互感耦合加到晶体管的基极。本地振荡部分由三极管、L_4、C_5、C_3、C_{1b} 组成的振荡回路和反馈线圈 L_3 等构成。由于输出中频回路 C_4、L_5 对本振频率严重失谐，可认为呈短路；基极旁路电容 C_1 容抗很小，加上 L_2 电感量甚小，对本振频率所呈现的感抗也可忽略，因此，对于本地振荡而言，电路构成了变压器反馈振荡器。本振电压通过 C_2 加到晶体管发射极，而信号由基极输入，所以称为发射极注入、基极输入式变频电路。反馈线圈 L_3 的电感量很小，对中频近于短路，因此，变频器的负载仍然可以看作是由中频回路所组成。对于信号频率来说，本地振荡回路的阻抗很小，而且发射极是部分地接在线圈 L_4 上，所以发射极对输入高频信号来说相当于接地。电阻 R_4 对信号具有负反馈作用，从而能提高输入回路的选择性，并有抑制交叉调制干扰的作用。在变频器中，希望在所接收的波段内，对每个频率都能满足 $f_I = f_L - f_c = 465\text{kHz}$，为此，电路中采用双连电容 C_{1a}、C_{1b} 作为输入回路和振荡回路的统一调谐电容，同时还增加了垫衬电容 C_5 和补偿电容 C_3、C_0。经过仔细调整这些补偿元件，就可以在整个接收波段内，做到本振频率基本上能够跟踪输入信号频率，即保证可调电容器在任何位置上，都能达到 $f_L = f_I + f_c$。

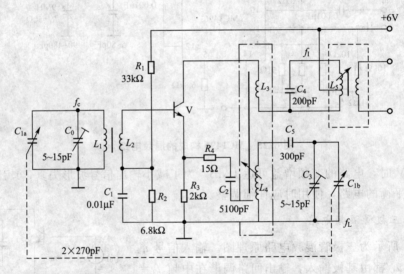

图 6.27 中波调幅收音机变频电路

3. 双栅极 MOS 场效应管混频电路

采用双栅极 MOS 场效应管构成的混频电路如图 6.28(a)所示。图中场效应管 V 有两个栅极，其中 G_1 加输入信号 u_s，G_2 加本振电压 u_L，输出中频滤波器采用双调谐耦合回路。R_1、R_2 和 R_4、R_5 组成分压器，分别给栅极 G_2、G_1 提供正向偏压；R_6、C_4 构成源极自给偏压电路。

将双栅极场效应管用两个级联场效应管表示，如图 6.28(b)所示，图中 $i_D = i_{D1} = i_{D2}$，i_{D1} 受 u_s 控制，i_{D2} 受 u_L 控制，即双栅极场效应管的漏极电流 i_D，同时受到 u_L、u_s 的控制，当 u_L 为大信号，u_s 为小信号，场效应管即工作在线性时变状态，从而实现混频作用。

由于场效应管的转移特性具有二次特性，所以双栅极 MOS 场效应管混频电路输出

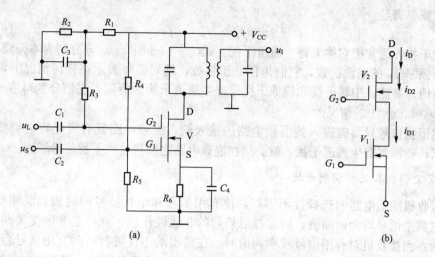

图 6.28　双栅极 MOS 场效应管混频电路

（a）电路　（b）双栅极场效应管等效电路

信号中的组合频率分量比晶体三极管的小，同时，它还有动态范围大、工作频率高等优点。

6.4.2　混频干扰

混频必须采用非线性器件，而混频器件的非线性又是混频电路产生各种干扰信号的根源。信号频率和本振频率的各次谐波之间、干扰信号与本振信号之间、干扰信号与信号之间以及干扰信号之间，经非线性器件相互作用会产生很多新的频率分量。在接收机中，当其中某些频率等于或接近于中频时，就能够顺利地通过中频放大器，经解调后，在输出级引起串音、啸叫和各种干扰，影响有用信号的正常接收。下面以接收机混频器为例讨论一些常见的混频干扰。

1. 中频干扰和镜像干扰

由于混频器前端电路选择性不够好，使频率等于或接近中频频率的干扰信号，加到混频器的输入端，它就会被混频器和中频放大器放大后输出，形成干扰，称为中频干扰。如中频干扰信号是调幅信号，则经检波后也可能听到干扰信号的原调制信号。情况严重时，干扰甚强，接收机将不能辨别出有用信号。为了抑制中频干扰，应该提高混频器前端电路的选择性或在前级增加一个中频滤波器，亦称中频陷波器。

当外来干扰信号的频率 $f_N = f_L + f_1$ 时，若它能经过前级电路而到达混频器输入端，它与本振信号频率 f_L 的差频即为中频频率 f_1，故该干扰信号经混频后变为中频信号并通过中频放大器放大后形成干扰。由于 f_N 与 f_c 是以 f_L 为轴形成镜像对称关系，如图 6.29 所示，所以把这种干扰称为镜像干扰。抑制镜像干扰的主要方法是提高前级电路的选择性。

必须指出，凡能加到混频器输入端的干扰信号，均可以在混频器中与本振电压产生混频作用，若形

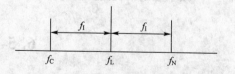

图 6.29　镜像干扰分布情况

成的组合频率满足

$$|\pm pf_L \pm qf_N| \approx f_I \tag{6-4-3}$$

就会形成干扰，通常把它称为寄生通道干扰。式(6-4-3)中，p、q 分别为本振频率 f_L 和干扰信号频率 f_N 的谐波次数，它们为任意正整数，绝对值号表示在任何情况下，频率不可能为负值。显然，中频干扰和镜像干扰是寄生通道干扰的特例，它们分别对应于 $p=0$、$q=1$ 和 $p=1$、$q=1$ 的情况。

上述干扰信号只要能进入到混频电路的输入端，混频电路就有可能将它们变换为中频，所以，要抑制寄生通道干扰，就必须在混频电路之前将这些干扰信号滤除。

2. 交叉调制和互相调制干扰

如接收机前端电路的选择性不够好，使有用信号和干扰信号同时加到混频器的输入端，若这两个信号均为调幅波，则通过混频器的非线性作用，就可能产生交叉调制干扰，其现象为：当接收机对有用信号频率调谐时，在输出端不仅可收听到有用信号台的声音，同时还清楚地听到干扰台调制声音；若接收机对有用信号频率失谐，则干扰台的调制声也随之减弱，并随着有用信号的消失而消失，好像干扰台声音调制在有用信号的载频上，故称其为交叉调制干扰。

交叉调制干扰是由混频器非线性特性的高次方项所引起的。交叉调制的产生与干扰台的频率无关，任何频率较强的干扰信号加到混频器的输入端，都有可能形成交叉调制干扰，只有当干扰信号频率与有用信号频率相差较大，受前端电路较强的抑制时，形成的干扰才比较弱。抑制交叉调制干扰的主要措施有：

(1) 提高混频器前端电路的选择性，尽量减小干扰信号的幅度，是抑制交叉调制干扰的有效措施。

(2) 选用合适的器件和合适的工作状态，使混频器的非线性高次方项尽可能减小。

(3) 采用抗干扰能力较强的平衡混频器和模拟相乘器混频电路。

两个(或多个)干扰信号，同时加到混频器输入端，由于混频器的非线性作用，两干扰信号与本振信号相互混频，产生的组合频率分量若接近于中频，它就能很顺利地通过中频放大器，经检波器检波后产生干扰，把这种与两个(或多个)干扰信号有关的干扰，称为互调干扰。

例如接收机调整在接收 1200kHz 信号的状态，这时本振频率 $f_L = 1665$kHz(中频为465kHz)，另有频率分别为 1190kHz 和 1180kHz 的两干扰信号也加到混频器的输入端，经过混频可获得组合频率为

$$[1665-(2 \times 1190-1180)]kHz = (1665-1200)kHz = 465kHz$$

恰为中频频率，因此它可经中频放大器而形成干扰。由此可见，互调干扰也可看成两个(或多个)干扰信号彼此混频，产生接近于接收的有用信号频率的组合频率分量(例如 $2 \times 1190-1180 = 1200$kHz 而形成的干扰)。

减小互调干扰的方法与抑制交叉调制干扰的措施相同，这里不再赘述。

6.5　自动增益控制

自动增益控制(Automatic Gain Control，AGC)电路是一种反馈控制电路，是接收机

的重要辅助电路，它的基本功能是稳定电路的输出电平。在这个控制电路中，要比较和调节的量为电压或电流，受控对象为放大器，因此，通常是通过对放大器的电压增益控制来进行电路内部自动调节的。

6.5.1　AGC 电路的功能

对于无线接收机而言，输出电平主要取决于所接收信号的强弱及接收机本身的电压增益。当外来信号较强时，接收机输出电压或功率较大；当外来信号较弱时，接收机输出电压或功率较小。由于各种原因，接收信号的起伏变化较大，信号微弱时仅只有几微伏或几十微伏；而信号较强时可达几百毫伏。也就是说，接收机所接收的信号有时会相差几十分贝。

为了保证接收机输出电平相对稳定，当所接收的信号比较弱时，则要求接收机的电压增益提高；相反，当接收机信号较强时，则要求接收机的电压增益相应减小。为了实现这种要求，必须采用增益控制电路。

增益控制电路一般可分为手动及自动两种方式。手动增益控制电路，是根据需要，靠人工调节增益，如收音机中的"音量控制"等。手动增益控制电路一般只适用于输入信号电平基本上与时间无关的情况。当输入信号电平与时间有关时，由于信号电平变化是快速的，人工调节无法跟踪，则必须采用自动增益控制（AGC）电路进行调节。

带有 AGC 电路的调幅接收机的组成框图，如图 6.30 所示。

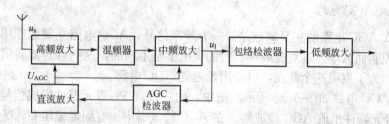

图 6.30　带有 AGC 电路的调幅接收机的组成框图

为了实现自动增益控制，在电路中必须有一个随输入信号改变的电压，称为 AGC 电压。AGC 电压可正可负，分别用 U_{AGC} 和 $-U_{AGC}$ 表示。利用这个电压去控制接收机的某些级的增益，达到自动增益控制的目的。

图 6.30 中，天线接收到的输入信号 u_s 经高频放大器、混频器和中频放大器后得到中频调幅波 u_1，u_1 经 AGC 检波器后，得到反映输入信号大小的直流分量，再经直流放大后得到 AGC 电压 $|\pm U_{AGC}|$。当输入信号强时，$|\pm U_{AGC}|$ 大；当输入信号弱时，$|\pm U_{AGC}|$ 小。利用 $|\pm U_{AGC}|$ 去控制高频放大器或中频放大器的增益，使 $|\pm U_{AGC}|$ 大时增益低，$|\pm U_{AGC}|$ 小时增益高，最终达到自动增益控制的目的。

这里要注意的是，AGC 检波器不同于包络检波器，包络检波器的输出反映包络变化的解调电压，而 AGC 检波器仅输出反映输入载波电压振幅的直流电压。

从以上分析可以看出，AGC 电路有两个作用：一是产生 AGC 电压 U_{AGC}；二是利用 AGC 电压去控制某些级的增益。下面介绍 AGC 电压的产生及实现 AGC 的方法。

6.5.2　AGC 电压产生与实现 AGC 的方法

接收机的 U_{AGC} 大都是利用其中频输出信号经检波后产生的。按照 U_{AGC} 产生的方法不同而有各种电路形式，基本电路形式有平均值式 AGC 电路和延迟式 AGC 电路。在某些场合采用峰值式 AGC 和键控式 AGC 等电路形式。

1. 平均值式 AGC 电路

平均值式 AGC 电路是利用检波器输出电压中的平均直流分量作为 AGC 电压的。图 6.31 所示为典型的平均值式 AGC 电路，常用于超外差收音机中。图中，V_D、C_1、R_1、R_2 等元器件组成包络检波器，C_2 为高频滤波电容。检波输出电压包含直流成分和音频信号，一路送往低频放大器；另一路送往由 R_3C_3 组成的低通滤波器，经低通滤波器后输出直流电压 U_{AGC}。由于 U_{AGC} 为检波输出电压中的平均值，所以称之为平均值式 AGC 电路。

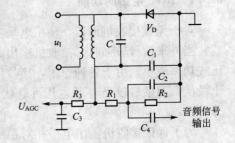

图 6.31　平均值式 AGC 电路

低通滤波器的时间常数，$\tau = R_3C_3$ 要正确选择。这是因为，若 τ 太大，则控制电压 U_{AGC} 跟不上外来信号电平的变化，接收机的电压增益得不到及时的调整，从而使 AGC 电路失去应有的控制作用；反之，如果时间常数 τ 选择过小，则 U_{AGC} 将随外来信号的包络变化，这样会使放大器产生额外的反馈作用，从而使调幅波受到反调制。一般选择 $R_3C_3 = (5\sim10)/\Omega_{min}$。

2. 延迟式 AGC 电路

平均值式 AGC 电路的主要缺点是，一有外来信号，AGC 电路立刻起作用，接收机的增益就因受控制而减小。这对提高接收机的灵敏度是不利的，这一点对微弱信号的接收是十分不利的。为了克服这个缺点，可采用延迟式 AGC 电路。

延迟式 AGC 电路如图 6.32 所示。图中，由二极管 V_{D1} 等元器件组成信号检波器；由二极管 V_{D2} 等元器件组成 AGC 检波器。在 AGC 检波器中加有固定偏压 U，U 称为延迟电平。只有当 L_2C_2 回路两端信号电平超过 U 时，AGC 检波器才开始工作，所以称为延迟 AGC 电路。由于延迟电路的存在，信号检波器必然要与 AGC 检波器分开，否则延迟电压会加到信号检波器上去，影响信号检波的质量。

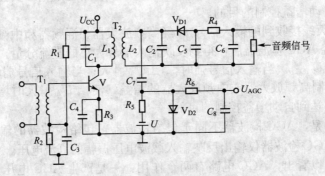

图 6.32　延迟式 AGC 电路

3. 自动增益控制的实现方法

实现自动增益控制的方法很多，这里仅介绍利用 U_{AGC} 控制晶体管 I_E 电流，最终达到对放大器的增益控制。

图 6.33(a)、图 6.33(b)为改变 I_E 的 AGC 电路。图中所使用的三极管具有图 6.33(c)所示的特性。当静态工作电流 I_E 在 AB 范围内时,都有 I_E 增加,β 也随着增加的特性。图 6.33(a)所示为单调谐小信号放大器。由于 AGC 电压 U_{AGC} 通过 R_4 及 R_3 加到发射极上,便产生如下变化:

$$U_{AGC}\uparrow \to U_{BE}\downarrow \to I_B\downarrow \to I_C\downarrow \to I_E\downarrow \to A_{u0}\downarrow$$

或

$$U_{AGC}\downarrow \to U_{BE}\uparrow \to I_B\uparrow \to I_C\uparrow \to I_E\uparrow \to A_{u0}\uparrow$$

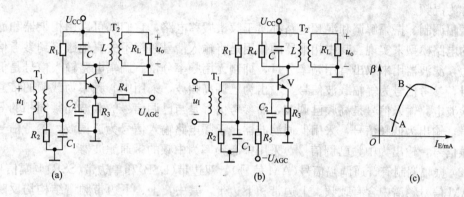

图 6.33　改变 I_E 的 AGC 电路

图 6.33(b)电路与图 6.33(a)电路基本相同,区别只是 U_{AGC} 以负电压形式加在晶体管基极上,其控制效果与图(a)完全一样。

图 6.34(a)和图 6.34(b)为另一种改变 I_E 的 AGC 电路。图中所使用的三极管具有图 6.34(c)所示的特性。当静态工作电流 I_E 在 AB 范围内时,都有 I_E 增加,β 随着减小的特性。图 6.34(a)所示为单调谐小信号放大器。由于 AGC 电压 U_{AGC} 通过 R_4 及 R_3 加到发射极上,所以本电路可产生如下变化:

$$U_{AGC}\uparrow \to U_{BE}\uparrow \to I_B\uparrow \to I_C\uparrow \to I_E\uparrow \to A_{u0}\downarrow$$

或

$$U_{AGC}\downarrow \to U_{BE}\downarrow \to I_B\downarrow \to I_C\downarrow \to I_E\downarrow \to A_{u0}\uparrow$$

图 6.34(b)电路与图 6.34(a)电路基本相同,区别只是 U_{AGC} 以正电压形式加在晶体管基极上,其控制效果与图 6.34(a)完全一样。

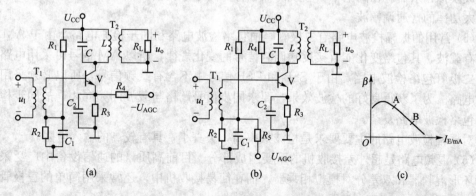

图 6.34　另一种改变 I_E 的 AGC 电路

6.6　小　　结

本章要点如下：

（1）振幅调制是用调制信号去改变高频载波振幅的过程，而从已调信号中还原出原调制信号的过程，称为振幅解调，也称振幅检波；把已调波的载频变为另一载频已调波的过程，称为混频。

振幅调制、振幅解调和混频电路都属于频谱搬移电路，它们都可以用相乘器和滤波器组成的电路模型来实现。其中相乘器的作用是将输入信号频率不失真地搬移到参考信号频率两边，滤波器用来取出有用频率分量，抑制无用频率分量。调幅电路输入信号是低频调制信号，参考信号为等幅载波信号，输出为已调高频波，采用中心频率为载频的带通滤波器；检波电路输入信号是高频已调波，而参考信号是与已调信号的载波同频同相的等幅同步信号，输出为低频信号，采用低通滤波器；混频电路输入信号为已调波，参考信号为等幅本振信号，输出为中频已调信号，采用中心频率为中频的带通滤波器。

（2）振幅调制有普通调幅信号（AM 信号）、双边带（DSB）和单边带（SSB）调幅信号。

AM 信号频谱中含有载频、上边带和下边带，其中，上、下边带频谱结构均反映调制信号频谱结构，已调波的包络直接反映调制信号的变化规律。

DSB 信号频谱中只含有上边带和下边带，没有载频分量，其包络已不再反映原调制信号的形状。

SSB 信号频谱中只含有上边带或下边带分量，已调波波形的包络也不直接反映调制信号的变化规律。单边带信号一般是由双边带信号经去除一个边带而获得，采用的方法有滤波法和移相法。

（3）相乘器是频谱搬移电路的重要组成部分，目前在通信设备和其他电子设备中广泛采用二极管环形相乘器和双差分对集成模拟相乘器，它们利用电路的对称性进一步减少了无用组合频率分量而获得理想的相乘结果。

（4）常用的调幅电路有低电平调幅电路和高电平调幅电路。在低电子级实现的调幅称低电平调幅，它主要用来实现双边带和单边带调幅，广泛采用二极管环形相乘器和双差分对集成模拟相乘器。在高电平级实现的调幅称为高电平调幅，常采用丙类谐振功率放大器产生大功率的普通调幅波。

（5）常用的振幅检波电路有二极管峰值包络检波电路和同步检波电路。由于 AM 信号中含有载波，其包络变化能直接反映调制信号的变化规律，所以 AM 信号可采用电路很简单的二极管包络检波电路。由于 SSB 和 DSB 信号中不含有载频信号，所以必须采用同步检波电路。为了获得良好的检波效果，要求同步信号严格与载波同频同相，故同步检波电路比包络检波电路复杂。

对振幅检波电路的主要要求是检波效率高，失真小，具有较高的输入电阻。

（6）混频电路是超外差接收机的重要组成部分。目前高质量的通信设备中广泛采用二极管环形混频器和双差分对模拟相乘器，而在简易接收机中，还常采用简单的三极管混频电路。

对混频电路的主要要求是混频增益高，失真小，抑制干扰信号的能力强。

6.7　实训：幅度调制与解调电路仿真

一、实训目的

(1) 理解幅度调制与解调的基本原理；

(2) 了解模拟乘法器的特性及工作原理；

(3) 熟悉利用模拟乘法器进行幅度调制与解调的基本过程；

(4) 理解幅度调制与解调电路的输入与输出信号的含义；

(5) 会对利用模拟乘法器构成的幅度调制与解调电路进行仿真分析。

二、实训步骤

(1) 在 Multisim 软件环境中绘制出电路图 6.35，注意元件标号和各个元件参数的设置。

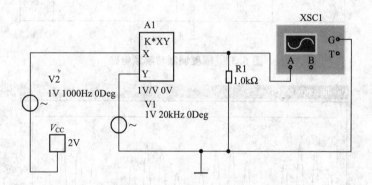

图 6.35　幅度调制电路

(2) 双击图 6.35 中的示波器 XSC1，按图 6.36 进行参数设置。

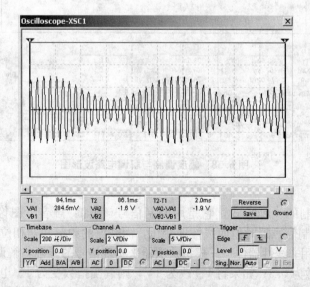

图 6.36　幅度调制电路波形图

（3）打开仿真开关，就可以观察到如图 6.36 的幅度调制波形了。

（4）在 Multisim 软件环境中绘制出电路图 6.37，注意元件标号和各个元件参数的设置。

（5）双击图 6.37 中的示波器 XSC1，按图 6.38 进行参数设置。

（6）打开仿真开关，就可以观察到如图 6.38 的幅度调制与解调两种波形了。

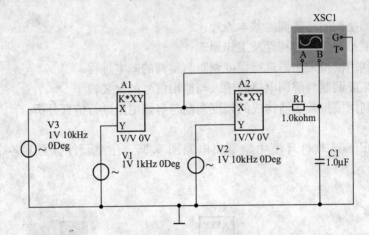

图 6.37 幅度调制与解调电路

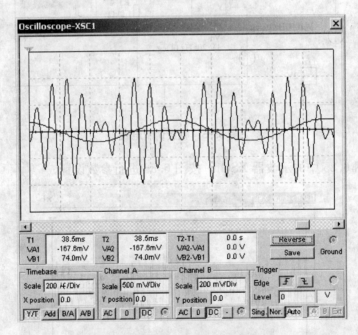

图 6.38 幅度调制与解调电路波形图

三、说明

（1）调幅是调制的一种方式，它是用调制信号（例如：声音、图像）去控制载波的振幅，使振幅随着调制信号瞬时值而线性地变化，而载波的频率和初相位则保持不变。

（2）本实训采用非线性器件——模拟乘法器来实现信号的调幅与解调。其中图 6.35 中，$V_{CC}=2V$，调幅指数为 0.5；如果将 V_{CC} 改为 1V，则调幅指数变为 1。电路输出曲线正好为调幅曲线。大家可以自己修改电路参数，并仿真试一试，对比仿真结果波形的异同。

（3）图 6.37 是幅度调制与解调电路，A1 实现调制，A2 实现解调。其中 V1 是调制信号，V3 是高频载波，V2 是恢复载波信号。

四、实训要求

（1）按照以上步骤绘制电路图，并正确设置元件和仪器仪表的参数。

（2）仿真出正确的波形，并能够看明白波形的含义。

（3）在熟悉电路原理的基础上，改变部分元件的值，并设计表格，将结果填入其中，比较仿真结果的异同。

（4）保存仿真结果，并完成实训报告。

6.8　习　　题

6.1　已知 $u_O(t) = \{\cos(2\pi \times 10^6 t) + 0.2\cos[2\pi \times (10^6 + 10^3)t] + 0.2\cos[2\pi \times (10^6 - 10^3)t]\}$V，试画出它的波形及频谱图。

6.2　已知调幅波的频谱图和波形图如题图 6.1(a)、(b)所示，试分别写出它们的表示式。

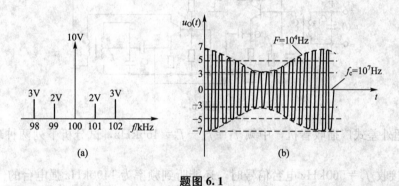

题图 6.1

6.3　试分别画出下列电压表示式的波形和频谱图，并说明各为何种信号。（令 $\omega_c = 9\Omega$）

（1）$u = [1 + \cos(\Omega t)]\cos(\omega_c t)$；

（2）$u = \cos(\Omega t)\cos(\omega_c t)$；

（3）$u = \cos[(\omega_c + \Omega)t]$；

（4）$u = \cos(\Omega t) + \cos(\omega_c t)$。

6.4　二极管包络检波电路如图 6.16(a)所示，已知输入已调波的载频 $f_c = 465$kHz，调制信号频率 $F = 5$kHz，调幅系数 $m_a = 0.3$，负载电阻 $R = 5$kΩ，试决定滤波电容 C 的大小，并求出检波器的输入电阻 R_i。

6.5　二极管包络检波电路如题图 6.2 所示，已知 $u_s(t) = [2\cos(2\pi \times 465 \times 10^3 t) + 0.3\cos(2\pi \times 469 \times 10^3 t) + 0.3\cos(2\pi \times 461 \times 10^3 t)]$V。(1)试问该电路会不会产生惰性失真和负峰切割失真？(2)若检波效率 $\eta_d \approx 1$，按对应关系画出 A、B、C 点电压波形，并标出电压的大小。

6.6　题图 6.3 所示为三极管射极包络检波电路，试分析该电路的检波工作原理。

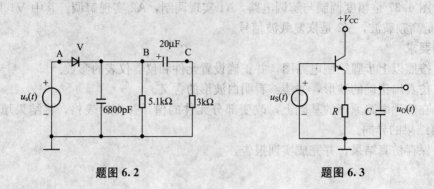

题图 6.2　　　　　　　　　　　题图 6.3

6.7　三极管混频电路如题图 6.4 所示，已知中频 $f_I=465\text{kHz}$，输入信号 $u_s(t)=5[1+0.5\cos(2\pi\times10^3t)]\cos(2\pi\times10^6t)\text{mV}$。试分析该电路，并说明 L_1C_1、L_2C_2、L_3C_3 三谐振回路调谐在什么频率上。画出 F、G、H 三点对地电压波形并指出其特点。

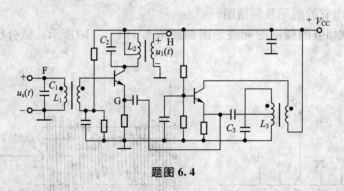

题图 6.4

6.8　超外差式广播收音机，中频 $f_I=f_L-f_c=465\text{kHz}$，试分析下列两种现象属于何种干扰：

（1）当接收 $f_c=560\text{kHz}$ 电台信号时，还能听到频率为 1490kHz 强电台的信号；

（2）当接收 $f_c=1460\text{kHz}$ 电台信号时，还能听到频率为 730kHz 强电台的信号。

6.9　混频器输入端除了有用信号 $f_c=20\text{MHz}$ 外，同时还有频率分别为 $f_{N1}=19.2\text{MHz}$，$f_{N2}=19.6\text{MHz}$ 的两个干扰电压，已知混频器的中频 $f_I=f_L-f_c=3\text{MHz}$，试问这两个干扰电压会不会产生干扰？

第 7 章　角度调制与解调电路

频率调制就是用基带信号去控制高频载波信号的频率，使载波信号的瞬时频率随基带信号的变化而产生线性变化；相位调制就是用基带信号去控制高频载波信号的相位，使载波信号的瞬时相位随基带信号的变化而产生线性变化。由于调频信号和调相信号的瞬时频率和瞬时相位都在发生变化，因此，频率调制和相位调制统称为角度调制。角度调制与解调电路属于非线性频率变换电路。

7.1　概　　述

角度调制是用调制信号去控制载波信号的频率或相位而实现的调制。角度调制与解调和幅度调制与解调一样，也是一种信号变换，其目的同样是为了实现信号的有效传输。

角度调制可分为两种：一种是频率调制(简称调频 FM)，即载波信号的瞬时频率随调制信号幅度线性变化；另一种是相位调制(简称调相 PM)，即载波信号的瞬时相位随调制信号幅度线性变化。

在振幅调制系统中，调制的结果是实现了频谱的线性搬移，在角度调制系统中，尽管也完成了频谱搬移，但并没有线性对应关系，调制的结果产生的是频谱的非线性移动。所以，角度调制与解调和振幅调制与解调在电路结构上存在明显的不同。

角度调制信号的解调电路也分为两种：一种是调频波的解调，称频率检波，简称鉴频；另一种是调相波的解调，称相位检波，简称鉴相。显然，鉴相和鉴频也属于频谱的非线性移动电路。

本章首先对调频、调相信号进行数学分析，讨论调角信号的频谱宽度，对直接调频和间接调频、相位检波和频率检波电路作介绍和电路分析。

7.2　角　度　调　制

7.2.1　调频信号的数学分析

设未调制时调频电路载波信号电压为

$$u_o(t) = U_m\cos(\omega_c t + \varphi_o)$$

式中，$\omega_c t + \varphi_o$ 为载波的瞬时相位；ω_c 为载波信号的角频率；φ_o 为载波初相角(一般地，可以令 $\varphi_o = 0$)。

又设调制信号电压(单音频信号)为

$$u_\Omega(t) = u_{\Omega m}\cos\Omega t$$

当输入调制信号 $u_\Omega(t)$ 后，载波的瞬时角频率 $\omega(t)$ 将在 ω_c 的基础上按 $u_\Omega(t)$ 的规律而变化，即

$$\omega(t)=\omega_c+\Delta\omega(t)=\omega_c+k_f u_\Omega(t) \tag{7-2-1}$$

式中，k_f 为与调频电路有关的比例常数，其单位为 $\mathrm{rad/(s\cdot V)}$；$\Delta\omega(t)=k_f u_\Omega(t)$ 称为角频率偏移，简称角频移。$\Delta\omega(t)$ 的最大值称为角频偏，$\Delta\omega_m=k_f|u_\Omega(t)|_{max}$ 它表示瞬时角频率偏离中心频率 ω_c 的最大值。对式（7-2-1）积分可得调频波的瞬时相位 $\Delta\varphi_f(t)$ 为

$$\varphi_f(t)=\int_0^t\omega(t)\mathrm{d}t=\omega_c t+k_f\int_0^t u_\Omega(t)\mathrm{d}t=\omega_c t+\Delta\varphi_f(t) \tag{7-2-2}$$

$$\Delta\varphi_f(t)=k_f\int_0^t u_\Omega(t)\mathrm{d}t$$

式中，$\Delta\varphi_f(t)$ 表示调频波的相移，它反映调频信号的瞬时相位按调制信号的时间积分的规律变化。

调频信号的数学表达式

$$u(t)=U_{cm}\cos[\omega_c t+\Delta\varphi_f(t)]=U_{cm}\cos\left[\omega_c t+k_f\int_0^t u_\Omega(t)\mathrm{d}t\right] \tag{7-2-3}$$

分析说明：在调频时，瞬时角频率的变化与调制信号成线性关系，瞬时相位的变化与调制信号的积分成线性关系。

当调制信号为单音频信号，即 $u_\Omega(t)=U_{\Omega m}\cos(\Omega t)$ 时，此时调频信号的 $\omega(t)$、$\varphi_f(t)$、$u_c(t)$ 分别为

$$\omega(t)=\omega_c+k_f U_{\Omega m}\cos\Omega t=\omega_c+\Delta\omega_m\cos\Omega t \tag{7-2-4}$$

$$\varphi_f(t)=\omega_c t+\frac{k_f U_{\Omega m}}{\Omega}\sin\Omega t=\omega_c t+m_f\sin\Omega t \tag{7-2-5}$$

$$u_c(t)=U_{cm}\cos(\omega_c t+m_f\sin\Omega t) \tag{7-2-6}$$

上述式中

$$\Delta\omega_m=2\pi\Delta f_m=k_f U_{\Omega m}$$

$$m_f=\frac{k_f U_{\Omega m}}{\Omega}=\frac{\Delta\omega_m}{\Omega}=\frac{\Delta f_m}{F}$$

通常将 $\Delta\omega_m$ 称为最大角频偏，它是调制信号引起的瞬时角频率偏移中心频率 ω_c 的最大值，与调制信号的振幅 $U_{\Omega m}$ 成正比。m_f 称为调频指数，它表示调频信号的最大相位偏移。调频信号的有关波形如图 7.1 所示。图（a）为调制信号波形，图（b）为调频波波形。当

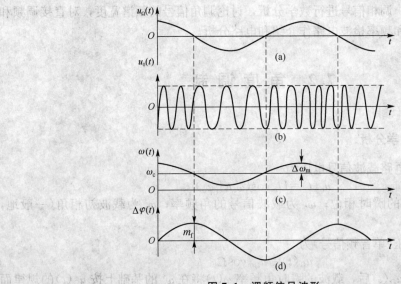

图 7.1　调频信号波形

a）调制信号　　（b）调频信号　　（c）瞬时角频率变化　　（d）附加相位变化

$u_\Omega(t)$ 为波峰时，调频波的瞬时角频率为最大，等于 $\omega_c+\Delta\omega_m$，调频波波形最密；当 $u_\Omega(t)$ 为波谷时，$\omega(t)=\omega_c-\Delta\omega_m$ 为最小，调频波波形最疏。调频波瞬时角频率变化规律如图 7.1(c) 所示，它是在载频的基础上叠加了受调制信号控制的变化部分。由式 (7-2-5) 可知，调频信号的附加相位变化 $\Delta\varphi(t)=m_f\sin(\Omega t)$，其变化波形如图 7.1(d) 所示。由图可见，$\Delta\varphi(t)$ 与调制信号相位相差 90°。

7.2.2　调相信号的数学分析

调相信号的相位是受调制信号控制的，若已知调制信号 $u_\Omega(t)=U_{\Omega m}\cos(\Omega t)$，载波输出电压 $u_o(t)=U_m\cos(\omega_c t)$，则调相信号的瞬时相位为

$$\varphi(t)=\omega_c t+k_p u_\Omega(t)=\omega_c t+\Delta\varphi(t)$$
$$=\omega_c t+k_p U_{\Omega m}\cos(\Omega t) \tag{7-2-7}$$

式中，$\Delta\varphi(t)=k_p u_\Omega(t)=k_p U_{\Omega m}\cos(\Omega t)$ 为随调制信号而变的附加相位偏移，k_p 是由调相电路决定的比例常数，单位是 rad/V。令

$$m_p=k_p U_{\Omega m} \tag{7-2-8}$$

m_p 称为调相指数，它代表调相波的最大相位偏移，即相位摆动的幅度，单位为 rad。将式 (7-2-8) 代入式 (7-2-7)，得

$$\varphi(t)=\omega_c t+m_p\cos(\Omega t) \tag{7-2-9}$$
$$\Delta\varphi(t)=m_p\cos(\Omega t) \tag{7-2-10}$$

由式 (7-2-7)、式 (7-2-9)、式 (7-2-10) 可求得调相波的瞬时角频率为

$$\omega(t)=\frac{d\varphi(t)}{dt}=\omega_c+k_p\frac{du_\Omega(t)}{dt}$$
$$=\omega_c-m_p\Omega\sin(\Omega t)$$
$$=\omega_c-\Delta\omega_m\sin(\Omega t) \tag{7-2-11}$$

式中

$$\Delta\omega_m=m_p\Omega$$

调相信号的数学表达式为

$$u_o(t)=U_m\cos[\omega_c t+\Delta\varphi(t)]=U_m\cos[\omega_c t+k_p u_\Omega(t)]$$
$$=U_m\cos[\omega_c t+m_p\cos(\Omega t)] \tag{7-2-12}$$

分析说明：在调相时，瞬时相位的变化与调制信号成线性关系，瞬时角频率的变化与调制信号的导数成线性关系。

调相信号的有关波形如图 7.2 所示，图中，(b) 为调相信号波形，其中虚线表示载波，它的相位受到调制后就变成实线表示的波形；(c) 为调相信号附加相位变化波形，它与调制信号变化是一致的；(d) 为调相信号瞬时角频率变化波形。

由于频率变化和相位变化是互相联系的，由表 7-1 可见，不管是调频信号还是调相信号，其瞬时频率和瞬时相位都是同时随时间发生变化的，只是它们的变化规律不同。这说明调频和调相可以相互转换。如果将调制信号 $u_\Omega(t)$ 先经微分处理后，再对载波进行调频，那么所得到的已调信号将是以 $u_\Omega(t)$ 为调制信号的调相信号；如果先将 $u_\Omega(t)$ 进行积分处理，再对载波进行调相，则可得以 $u_\Omega(t)$ 为调制信号的调频信号。

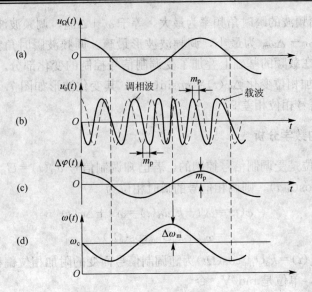

图 7.2　调相信号波形

(a) 调制信号　(b) 调相信号　(c) 附加相位变化　(d) 瞬时角频率变化

表 7-1　调频信号与调相信号的比较

调制信号 $u_\Omega(t)=U_{\Omega m}\cos(\Omega t)$		载波信号 $u_0(t)=U_m\cos(\omega_c t)$
	调　频　信　号	调　相　信　号
瞬时角频率	$\omega(t)=\omega_c+k_f u_\Omega(t)=\omega_c+\Delta\omega_m\cos(\Omega t)$	$\omega(t)=\omega_c+k_p\dfrac{\mathrm{d}u_\Omega(t)}{\mathrm{d}t}=\omega_c-\Delta\omega_m\sin(\Omega t)$
瞬时相位	$\varphi(t)=\omega_c t+k_f\displaystyle\int_0^t u_\Omega(t)\mathrm{d}t$ $=\omega_c t+m_f\sin(\Omega t)$	$\varphi(t)=\omega_c t+k_p u_\Omega(t)=\omega_c t+m_p\cos(\Omega t)$
最大角频偏	$\Delta\omega_m=k_f U_{\Omega m}=m_f\Omega$	$\Delta\omega_m=k_p U_{\Omega m}\Omega=m_p\Omega$
最大相位偏移	$m_f=\dfrac{\Delta\omega_m}{\Omega}=\dfrac{k_f U_{\Omega m}}{\Omega}$	$m_p=\dfrac{\Delta\omega_m}{\Omega}=k_p U_{\Omega m}$
数学表示式	$u_o(t)=U_m\cos\left[\omega_c t+k_f\displaystyle\int_0^t u_\Omega(t)\mathrm{d}t\right]$ $=U_m\cos[\omega_c t+m_f\sin(\Omega t)]$	$u_o(t)=U_m\cos[\omega_c t+k_p u_\Omega(t)]$ $=U_m\cos[\omega_c t+m_p\cos(\Omega t)]$

【例 7.1】 已知调制信号 $u_\Omega(t)=5\cos(2\pi\times10^3 t)$（单位为 V），调角信号表示式为 $u_0(t)=10\cos[2\pi\times10^6 t+10\cos(2\pi\times10^3 t)]$（单位为 V），试指出该调角信号是调频信号还是调相信号？调制指数、载波频率、振幅以及最大频偏各为多少？

解　由调角信号表示式可知

$$\varphi(t)=\omega_c t+\Delta\varphi(t)$$
$$=2\pi\times10^6 t+10\cos(2\pi\times10^3 t)$$

可见，调角信号的附加相移 $\Delta\varphi(t)=10\cos(2\pi\times10^3 t)$ 与调制信号 $u_\Omega(t)$ 变化规律相同，均为余弦变化规律，故可判断此调角信号为调相信号，显然调相指数 $m_p=10\mathrm{rad}$。又因为

$\omega_c t = 2\pi \times 10^6 t$，所以载波频率 $f_c = 10^6\,\mathrm{Hz}$。角度调制时，载波振幅保持不变，载波振幅 $U_m = 10\mathrm{V}$。由此可得最大频偏为

$$\Delta f_m = m_p F = 10 \times 10^3\,\mathrm{Hz} = 10\mathrm{kHz}$$

7.2.3　调角信号的频谱和频谱宽度

1. 调角信号的频谱

由表 7-1 可以看出，调频信号和调相信号的数学表示式基本上是一样的，由调制信号引起的附加相移是正弦变化还是余弦变化并没有根本差别，两者只是在相位上相差 $\pi/2$。所以，只要用调制指数 m 代替相应的 m_f 或 m_p，调角信号表示式可写成

$$u(t) = U_{cm}\cos(\omega_c t + m_f\sin\Omega t)\ \text{或者}\ u_o(t) = U_m\cos[\omega_c t + m\sin(\Omega t)]$$

皆可，利用三角函数公式将上式改写为

$$u(t) = U_{cm}[\cos(m_f\sin\Omega t)\cos\omega_c t - \sin(m_f\sin\Omega t)\sin\omega_c t] \qquad (7-2-13)$$

将式 $(7-2-13)$ 展开成傅里叶级数，并用贝塞尔函数 $J_l(m_f)$ 来确定展式中各次分量的幅度，图 7.3 给出了宗数为 m_f 的 l 阶第一类贝塞尔函数曲线。

在贝塞尔函数理论中，可得下述关系：

$$\cos(m_f\sin\Omega t) = J_0(m_f) + 2J_0(m_f)\cos2\Omega t + 2J_4(m_f)\cos4\Omega t + \cdots \qquad (7-2-14)$$

$$\sin(m_f\sin\Omega t) = 2J_1(m_f)\sin\Omega t + 2J_3(m_f)\sin3\Omega t + 2J_5(m_f)\sin5\Omega t + \cdots \qquad (7-2-15)$$

将式 $(7-2-14)$ 和式 $(7-2-15)$ 代入式 $(7-2-13)$，得

$$u(t) = U_{cm}J_0(m_f)\cos\omega_c t + U_{cm}J_1(m_f)[\cos(\omega_c+\Omega)t -$$
$$\cos(\omega_c-\Omega)t] + U_{cm}J_2(m_f)[\cos(\omega_c+2\Omega)t + \cos(\omega_c-2\Omega)t] +$$
$$U_{cm}J_3(m_f)[\cos(\omega_c+3\Omega)t - \cos(\omega_c-3\Omega)t] + \cdots \qquad (7-2-16)$$

由式 $(7-2-16)$ 可以看出：单音余弦信号调制时调频信号的频谱是由载频分量 ω_c 和无数对上、下边频分量 $\omega_c \pm l\Omega$ 之和来表示的。相邻的两个频率分量的间隔为 Ω。载频分量和各对边频分量的相对幅度由相应的贝塞尔函数曲线确定。其中，当 l 为偶数时，上、下边频分量的幅度相等，符号相同；当 l 为奇数时，上、下边频分量的幅度相等，符号相反。当 m_f 为某些特定值时，可使某些边频分量等于零。图 7.4 示出了不同 m_f 的调频信号频谱图。

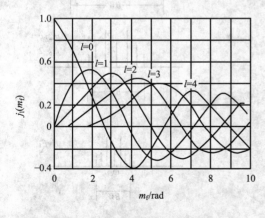

图 7.3　第一类贝塞尔函数曲线

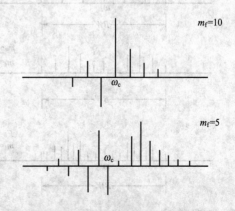

图 7.4　不同 m_f 的调频信号频谱图

2. 频谱宽度

从理论上分析，调角信号的频谱包含无限多对边频分量，即其频谱宽度应为无限宽。但由图 7.3 可以看出，对于一定的 m，随着 l 增大，$J_l(m_f)$ 的值大小虽有起伏，但总的趋势是减小的，这表明离开载波较远的边频振幅都很小，即使舍去这些边频分量，对调角信号也不会产生明显的失真，因此，实际调角信号所占有效频带宽度仍是有限的。从能量上看，调角信号的能量绝大部分实际上也是集中在载频附近的有限边频上，因此没有必要把带宽设计成无限大。为了便于处理调角信号，一般在高质量通信系统中，规定边频分量幅度小于未调制前载频振幅的 1%，相对应的频谱宽度用 $BW_{0.01}$ 表示；在中质量通信系统中，规定边频分量幅度小于未调制前载频振幅的 10%，相对应频谱宽度用 $BW_{0.1}$ 表示。

理论上证明，当 $l>m+1$ 时，$J_l(m_f)$ 的数值都是恒小于 0.1。因此，调角波的有效频谱宽度，可由卡森公式估算（称卡森带宽）：

$$BW_{CR}=2(m+1)\Omega=2(\Delta\omega_m+\Omega) \text{ 或 } BW_{CR}=2(m+1)F=2(\Delta f_m+F)$$

从具体的计算发现，BW_{CR} 介于 $BW_{0.1}$ 和 $BW_{0.01}$ 之间，但比较接近于 $BW_{0.1}$。

下面写出调频波和调相波的频带宽度

调频： $$BW_{CR}=2(m_f+1)F \qquad (7-2-17)$$

调相： $$BW_{CR}=2(m_p+1)F \qquad (7-2-18)$$

当调制信号幅度 $U_{\Omega m}$ 不变，改变调制信号频率 F 时，调频波的带宽变化不大，这是由于 F 改变时 m_f 随之改变，宽带调频时，$m_f \gg 1$，$BW_{CR}=2m_f F=2\Delta f_m$，调频波的带宽与 F 大小无关，因而调频波是恒定带宽调制，如图 7.5 所示。

当调制信号幅度 $U_{\Omega m}$ 不变，改变调制信号频率 F 时，调相波的带宽跟随改变，这是由于 F 与 m_p 无关，因而在 $U_{\Omega m}$ 一定时（m_p 不变），调相波带宽与 F 成正比。

一般调相系统带宽按 F_{max} 设计，对 F 来说，系统带宽利用不合理，这是调相制式的缺点，如图 7.6 所示。

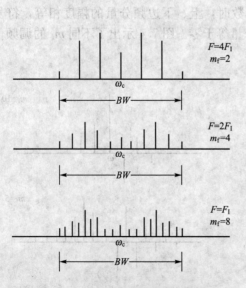

图 7.5 $U_{\Omega m}$ 不变时调频波频谱图

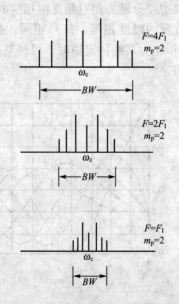

图 7.6 $V_{\Omega m}$ 不变时调相波频谱图

根据调制后载波瞬时相位偏移大小，可以将角度调制分为窄带和宽带两种，从卡森公式可得：当 $m \ll 1$（工程上规定 $m < 0.25 \mathrm{rad}$）时，调角信号的有效频谱带宽为

$$BW_{\mathrm{CR}} \approx 2F$$

其值相当于普通调幅信号的频谱宽度，通常把这种调角信号称为窄带调角信号。

当 $m \gg 1$ 时，调角信号的有效频谱带宽为

$$BW_{\mathrm{CR}} \approx 2mF = 2\Delta f_{\mathrm{m}}$$

通常把这种调角信号称为宽带调角信号。

这里需要说明的是，调角信号的有效频谱带宽 BW_{CR} 与最大频偏 Δf_{m} 是两个不同的概念。最大频偏 Δf_{m} 是指在调制信号作用下，瞬时频率偏离载频的最大值，即频率摆动的幅度。而有效频谱带宽是反映调角信号频谱特性的参数，它是指上、下边频所占有的频带范围。

上面讨论了单频调制的调角信号有效频谱带宽，实际上调制信号多为复杂信号，实践表明，复杂信号调制时，大多数调频信号占有的有效频谱带宽仍可用上述公式表示，仅需将其中的 F 用调制信号中的最高频率 $F_{\max}$ 取代，Δf_{m} 用最大频偏 $(\Delta f_{\mathrm{m}})_{\max}$ 取代。例如：在调频广播系统中，按国家标准规定 $F_{\max} = 15 \mathrm{kHz}$，$(\Delta f_{\mathrm{m}})_{\max} = 75 \mathrm{kHz}$，计算得到 $BW = 2 \left[\dfrac{(\Delta f_{\mathrm{m}})_{\max}}{F_{\max}} + 1 \right] F_{\max}$，实际选取的频谱宽度为 $200 \mathrm{kHz}$。

3. 调频波的平均功率

根据帕塞瓦尔定理，调频波的平均功率等于各个频率分量平均功率之和。因此，单位电阻上的平均功率为

$$P_0 = \frac{U_{\mathrm{cm}}^2}{2} \sum_{n=-\infty}^{\infty} J_i^2(m_{\mathrm{f}}) \tag{7-2-19}$$

根据第一类贝塞尔函数特性

$$\sum_{n=-\infty}^{\infty} J_i^2(m_{\mathrm{f}}) = 1$$

得调频波的平均功率为

$$P_0 = \frac{1}{2} U_{\mathrm{cm}}^2 \tag{7-2-20}$$

上式说明，适当选择 m_{f} 的大小，可使载波分量携带的功率很小，绝大部分功率由边频分量携带，从而提高调频系统设备的利用率和提高调频系统接收机输出端的信噪比。所以，调频指数越大，调频波的抗干扰能力越强，但是调频波占有的有效频谱宽度也就越宽。因此，调频制抗干扰能力的提高是以增加有效带宽为代价的。

另外，在模拟信号调制中，可以证明当系统带宽相同时，调频系统接收机输出端的信噪比明显优于调相系统。在数字通信中，相位键控的抗干扰能力优于频率键控和幅度键控，因而调相制在数字通信中获得了广泛应用。

7.3 调 频 电 路

由上面的讨论可知无论调频或调相，都会使瞬时相位发生变化，说明调频和调相可以互相转化。根据两者的转化关系可设计出不同类型的调频或调相电路，对于调频电路通常

分为直接调频电路和间接调频电路两大类，对于调相电路有直接调相电路和间接调相电路。本节重点讨论频率调制电路(直接调频电路、间接调频电路)。

直接调频是用调制信号直接控制主振荡回路元件的参量 L 或 C，使主振荡回路的振荡频率受到控制，使它在载频的上、下按调制信号的规律变化。这种方法原理简单，频偏较大，但中心频率不易稳定。

间接调频是先将调制信号积分，然后对载波信号进行调相，从而获得调频信号。间接调频电路的核心是调相，它的特点是调制可以不在主振荡电路中进行，易于保护中心频率的稳定，但不易获得大的频偏。

调频电路的主要性能指标有中心频率及其稳定度、最大频偏、非线性失真及调制灵敏度等。

调频信号的中心频率就是载波频率 f_c。保持中心频率高稳定度是保证接收机正常接收所必需的。

最大频偏是指在正常调制电压作用下所能产生的最大频率偏移 Δf_m，它是根据对调频指数的要求来确定的。不同的调频系统要求有不同的最大频偏 Δf_m。当调制电压幅度一定时，要求 Δf_m 在调制信号频率范围内保持不变。

调频信号的频率偏移与调制电压的关系称为调制特性，实际调频电路中调制特性不可能呈线性，而会产生非线性失真。不过在一定的调制电压范围内，尽量提高调制线性度是必要的。

调制特性的斜率称为调制灵敏度，调制灵敏度越高，单位调制电压所产生的频率偏移就越大。

7.3.1　直接调频电路

1. 原理电路

变容二极管直接调频电路是目前应用最为广泛的直接调频电路，它是利用变容二极管反偏时所呈现的可变电容特性实现调频作用的，具有工作频率高、固有损耗小等特点。

变容二极管直接调频电路如图 7.7 所示。图中，L 和变容二极管组成谐振回路，点画线框为变容二极管的控制电路。U_Q 用来提供变容二极管的反向偏压，以保证变容二极管在调制信号电压 $u_\Omega(t)$ 的变化范围内，始终工作在反偏状态，同时还应保证由 U_Q 值决定的振荡频率等于所要求的载波频率。一般调制电压比振荡回路的高频振荡电压大得多，所以变容二极管的反向电压随调制信号变化，即

$$u(t) = U_Q + U_{\Omega m}\cos(\Omega t) \tag{7-3-1}$$

调制信号电压 u_Ω 用来产生调制信号。C_3 为高频滤波电容，对高频的容抗很小，接近短路，而对调制频率的容抗很大，接近开路。L_1 为高频扼流圈，它对高频的感抗很大，接近开路，而对直流和调制频率接近短路；隔直流电容 C_1 和 C_2，对高频接近短路，起耦合作用，对于调制频率信号接近开路。对高频而言，L_1 开路、C_3 短路，可得高频通路，如图 7.7(b)所示，其振荡频率可由式(7-3-2)确定

$$\omega = \frac{1}{\sqrt{LC_j}} \tag{7-3-2}$$

对于直流和调制频率而言，由于 C_1 和 C_2 的阻断，因而 U_Q 和 u_Ω 可有效的加到变容二

极管上,其直流和调制频率通路,如图 7.7(c)所示。

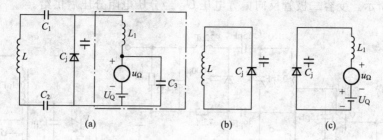

图 7.7 变容二极管组成的直接调频电路

又由变容二极管结电容与其反向偏置电压的关系

$$C_j = \frac{C_{j0}}{\left(1+\dfrac{u}{U_{VD}}\right)^\gamma}$$

再结合式(7-3-1)和式(7-3-2)可得出变容二极管结电容随调制信号电压变化的规律,即

$$C_j = \frac{C_{j0}}{\left[1+\dfrac{1}{U_{VD}}(U_Q+U_{\Omega m}\cos\Omega t)\right]^\gamma} = \frac{C_{jQ}}{(1+m_c\cos\Omega t)^\gamma}$$

那么

$$C_{jQ} = \frac{C_{jQ}}{\left(1+\dfrac{U_Q}{U_{\Omega m}}\right)^\gamma}$$

调频波的中心频率为

$$\omega(t) = \frac{1}{\sqrt{LC_{jQ}}} = [1+m_c\cos(\Omega t)]^{\frac{\gamma}{2}} = \omega_c[1+m_c\cos(\Omega t)]^{\frac{\gamma}{2}} \qquad (7-3-3)$$

应当指出,以上分析是在忽略调频振荡电压对变容二极管的影响下进行的,在电路设计时可采取两个变容二极管对接的方式来减小高频电压的电喷,如图 7.8 所示。图中,L、C 为振荡回路;L_1、L_2 为高频扼流圈;C_1、C_2、C_3 为高频耦合电容和旁路电容,对于 U_Q 和 U_Ω 来讲,两个变容二极管是并联的;对于高频振荡电压来说,两个变容二极管是串联的,这样在每只变容二极管上的高频电压幅度减半,并且两管高频电压相位相反,结电容因高频电压作用可相互抵消,因此,变容二极管基本上不受高频电压的影响。

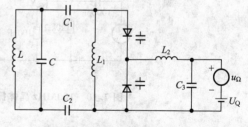

图 7.8 变容二极管对接方式

2. 直接调频实际电路

图 7.9(a)为变容二极管直接调频实际电路。调制信号 u_Ω 通过 $22\mu H$ 高频扼流圈加到变容二极管上,$1000\mu F$ 电容起高频滤波作用。该电路中心频率为 90MHz,图中的 $1000\mu F$ 电容对 90MHz 信号起短路作用,$22\mu H$ 扼流圈对 90MHz 信号起开路作用。为提高中心频率的稳定性,该电路采用变容二极管通过 15pF 和 39pF 电容部分接入振荡回路,但获得相

对频偏减小。以三极管 V 为中心，和变容二极管部分接入一起组成电容三点式振荡电路，如图 7.9(b)所示，变容二极管反向偏置电压 U_Q 经分压电阻分压后供给。

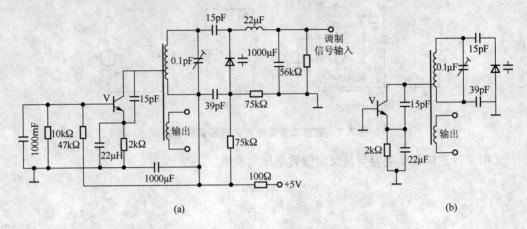

(a)　　　　　　　　　　　　　　　　　　(b)

图 7.9　90MHz 直接调频电路及其高频通路

图 7.10 为 100MHz 晶体振荡器的变容二极管直接调频电路，用于组成无线传声器中的发射机。图中 V_1 管的作用为对传声器提供的声音信号进行放大，放大后的声音信号经 2.2μH 高频扼流圈加到变容二极管上。变容管上的偏置电压也是经过 2.2μH 高频扼流圈加到变容管上，V_2、石英晶体和变容二极管为主一起组成晶体振荡电路，并由变容二极管实现直接调频，同时 V_2 又起高频功率放大输出的作用，LC 谐振回路谐振在晶体振荡频率的三次谐波上，完成三倍频功能。该电路可获得较高的中心频率稳定度，但相对频偏很小（10^{-4} 数量级）。

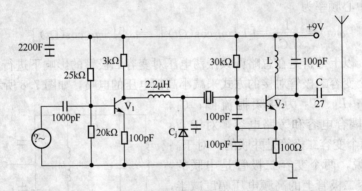

图 7.10　100MHz 晶体振荡器的变容二极管直接调频电路

7.3.2　间接调频电路

间接调频的办法是：先将调制信号 u_Ω 积分，再加到调相器对载波信号调相，从而实现调频。间接调频电路框图如图 7.11 所示。

如果调制信号为 $u_\Omega = U_{\Omega m}\cos(\Omega t)$，它经积分后得

$$u'_\Omega = k\int_0^t u_\Omega(t)\mathrm{d}t = k\frac{U_{\Omega m}}{\Omega}\sin(\Omega t) \qquad (7-3-4)$$

式中，k 为积分增益。用积分后的调制信号对载波
$u_c(t)=U_{cm}\cos(\omega_c t)$ 进行调相，则得

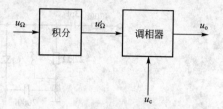

$$u(t)=U_{cm}\cos\left[\omega_c t+k_p k\frac{U_{\Omega m}}{\Omega}\sin(\Omega t)\right]$$

$$=U_{cm}\cos\left[\omega_c t+m_f\sin(\Omega t)\right]\quad(7-3-5)$$

式中，$m_f=\dfrac{k_f U_{\Omega m}}{\Omega}$；$k_f=k_p k$。

图 7.11　间接调频电路框图

上式与调频波表示式完全相同。由此可见实现间接调频的关键电路是调相。

调相器种类很多，常用的有可控移相法调相电路（变容二极管调相电路），可控延时法调相电路（脉冲调相电路）和矢量合成法调相电路等。下面主要分析变容二极管调相电路，如图 7.12 所示。

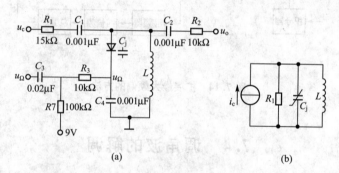

图 7.12　变容二极管调相电路

图 7.12 中，载波信号 $u_c(t)$ 经 R_1 降压，C_1 耦合后作为电流源输入；调制信号 u_Ω 经耦合电容 C_3 加到 R_3、C_4 组成的积分电路，由此加到变容二极管的调制信号为 u_Ω，使变容二极管的电容 C_j 随调制信号积分电压的变化而变化，使固定频率的高频载波电流在流过谐振频率变化的振荡回路时，由于失谐而产生相移，从而产生高频调相信号电压输出。可将图 7.12(a) 简化成图 (b) 所示的并联谐振回路。

设输入载波电流为 $i_c=I_{cm}\cos(\omega_c t)$，那么回路的输出电压为
$$u_0=I_{cm}Z(\omega_c)\cos[\omega_c t+\varphi(\omega_c)]$$
式中，$Z(\omega_c)$ 是谐振回路在频率 ω_c 上的阻抗幅值，$\varphi(\omega_c)$ 是谐振回路在频率 ω_c 上的相移。由于并联谐振回路谐振频率 ω_0 是随调制信号而变化的，因而相移 $\varphi(\omega_c)$ 也是随调制信号而变化的。根据并联谐振回路的特性，可得相移为

$$\varphi(\omega_c)=-\arctan Q\frac{2(\omega_c-\omega_0)}{\omega_0}\quad\quad(7-3-6)$$

式中，Q 为并联回路的有载品质因数。

为了增大频偏，可采用多级单回路构成的变容二极管调相电路，如图 7.13 所示。

在调频设备中，如果最大频偏不能通过调频电路特别是间接调频电路来达到，则可设计扩展最大频偏电路。扩展最大频偏方法很多，下面举例说明扩展最大频偏的方法。

【例 7.2】 一调频设备，采用间接调频电路。已知调频电路输出载波频率为 100kHz，最大频偏为 24.41Hz。要求产生载波频率为 100MHz，最大频偏为 75kHz。扩展最大频偏的方法如图 7.14 所示。

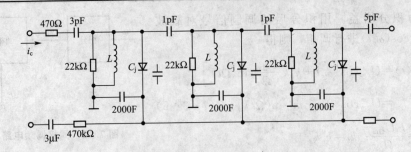

图 7.13　三级单回路变容二极管调相电路

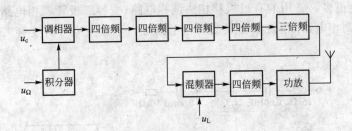

图 7.14　扩展最大频偏的方法

7.4　调角波的解调

调角波的解调电路的作用是从调频波和调相波中检出调制信号。调相信号的解调电路称为相位检波器，简称鉴相器，也称鉴相；调频波的解调电路称为频率检波器，简称鉴频器，也称鉴频。

7.4.1　相位检波电路

鉴相电路的功能是从输入调相波中检出反映在相位变化上的调制信号，即完成相位—电压的变换作用。

鉴相器有多种电路，一般可分为双平衡鉴相器，模拟乘积型鉴相器和数字逻辑电路鉴相器。下面重点讨论乘积型鉴相器。

1. 乘积型鉴相器

乘积型鉴相器组成框图如图 7.15 所示。

图 7.15　乘积型鉴相器　　　　组成框图

图 7.15 中，一个输入信号为调相波 $u_1 = U_{1m}\sin(\omega_c t + \Delta\varphi)$，另一个输入信号为参考信号 $u_2 = U_{2m}\cos(\omega_c t)$，在两式中有 90°固定相移，它们之间的相位差为 $\Delta\varphi$，对于双差分对管，输出差值电流为

$$i = I_0 \, \mathrm{th}\left(\frac{u_1}{2U_T}\right)\mathrm{th}\left(\frac{u_2}{2U_T}\right) \tag{7-4-1}$$

下面根据 U_{1m}、U_{2m} 的大小不同，分三种情况进行讨论。

1) u_1 为小信号，u_2 为大信号

当 $|U_{1m}|\leqslant 26\text{mV}$、$|U_{2m}|\geqslant 100\text{mV}$ 时，由式(7-4-1)可得输出电流为

$$i=I_oK_2(\omega t)\frac{u_1}{2U_T}$$

$$=\frac{I_o}{2U_T}\left[\frac{4}{\pi}\cos(\omega_ct)-\frac{4}{3\pi}\cos(3\omega_ct)+\cdots\right]U_{1m}\sin(\omega_ct+\Delta\varphi)$$

$$=\frac{I_o}{\pi U_T}U_{1m}\left[\sin\Delta\varphi+\sin(2\omega_ct+\Delta\varphi)+\cdots\right]$$

通过低通滤波器后，上式中 $2\omega_c$ 及其以上各次谐波项被滤除，于是可得有用的平均分量输出电压

$$u_o=\frac{I_oR_L}{\pi U_T}U_{1m}\sin\Delta\varphi \qquad\qquad (7-4-2)$$

由此可得乘积型鉴相器的鉴相特性仍为正弦函数，鉴相器灵敏度为

$$S=\frac{I_oR_L}{\pi U_T}U_{1m} \qquad\qquad (7-4-3)$$

2) u_1 和 u_2 均为小信号

当 $|U_{1m}|\leqslant 26\text{mV}$、$|U_{2m}|\leqslant 26\text{mV}$ 时，由式(7-4-1)可得输出电流为

$$i=I_o\frac{u_1u_2}{4U_T^2}=\frac{I_o}{4U_T^2}U_{1m}U_{2m}\sin(\omega_ct+\Delta\varphi)\cos(\omega_ct)$$

$$=\frac{1}{2}KU_{1m}U_{2m}\sin\Delta\varphi+\frac{1}{2}KU_{1m}U_{2m}\sin(2\omega_ct+\Delta\varphi)$$

通过低通滤波器后，上式中第二项被滤除，于是可得输出电压为

$$u_o=\frac{1}{2}KU_{1m}U_{2m}R_L\sin\Delta\varphi \qquad (7-4-4)$$

式中，R_L 为低通滤波器通带内的负载电阻。由式(7-4-4)可得乘积型鉴相器的鉴相特性为正弦函数，如图 7.16 所示。

鉴相器灵敏度为

$$S=\frac{1}{2}KU_{1m}U_{2m}R_L \qquad (7-4-5)$$

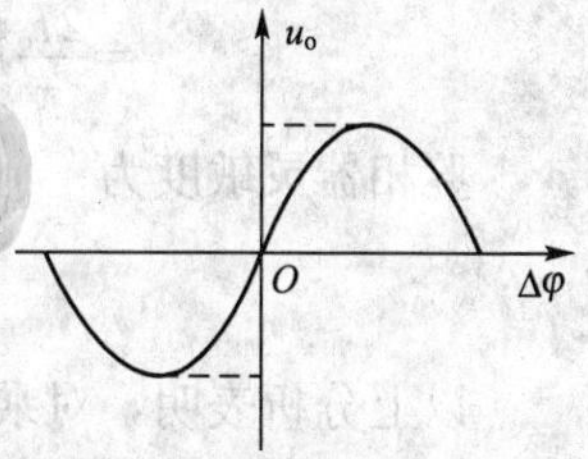

图 7.16　乘积型鉴相器的
鉴相特性曲线

3) u_1 和 u_2 均为大信号

当 $|U_{1m}|\geqslant 100\text{mV}$，$|U_{2m}|\geqslant 100\text{mV}$ 时，由式(7-4-1)可得输出电流为

$$i=I_oK_2(\omega_ct)K_2\left(\omega_ct-\frac{\pi}{2}+\Delta\varphi\right)$$

由于 u_1 和 u_2 均为大信号，所以式(7-4-1)可用两个开关函数相乘表示，两个开关函数相乘后的电流波形如图 7.17 所示。由图(a)可见，当 $\Delta\varphi=0$ 时，相乘后的波形为上、下等宽的双向脉冲，其频率加倍，相应的平均分量为零。由图 7.17(b)可见，当 $\Delta\varphi\neq 0$ 时，相乘后的波形为上、下不等宽的双向脉冲。在 $|\Delta\varphi|<\frac{\pi}{2}$ 内，通过低通滤波器后，可得有用的平均分量输出电压为

$$u_o=\frac{I_o}{\pi}R_L\int_0^\pi \mathrm{d}u_c(t)=\frac{I_o}{\pi}R_L\left[\int_0^{\frac{\pi}{2}}\mathrm{d}u_c(t)-\int_{\frac{\pi}{2}}^{\pi-\Delta\varphi}\mathrm{d}u_c(t)+\int_{\pi-\Delta\varphi}^\pi \mathrm{d}u_c(t)\right]$$

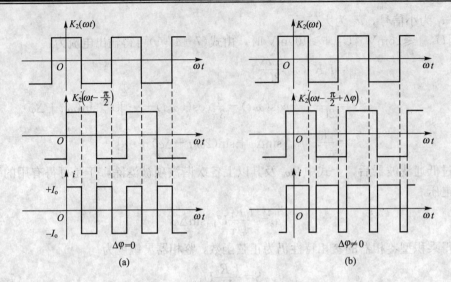

图 7.17　两个开关函数相乘后的电流波形

$$= \frac{2I_o}{\pi} R_L \Delta\varphi \tag{7-4-6}$$

在 $\pi/2 < \Delta\varphi < 3\pi/2$ 内，通过低通滤波器后，可求得输出电压为

$$u_o = \frac{I_o}{\pi} R_L \left[\int_0^{\pi-\Delta\varphi} du_c(t) - \int_{\pi-\Delta\varphi}^{\frac{\pi}{2}} du_c(t) + \int_{\pi-\Delta\varphi}^{\pi} du_c(t) \right]$$

$$= \frac{2I_o}{\pi} R_L (\pi - \Delta\varphi) \tag{7-4-7}$$

鉴相器灵敏度为

$$S_d = \frac{2}{\pi} I_o R_L \tag{7-4-8}$$

以上分析表明，对乘积型鉴相器应尽量采用大信号工作状态或将正弦信号先限幅放大，变换成方波电压后再加入鉴相器，这样可获得较宽的线性鉴相范围。

2. 实际电路应用

图 7.18(a) 所示为用 MC1596 组成的相位检波器，图 7.18(b) 所示为大信号输入 ($U_{1m} \gg 2U_T$，$U_{2m} \gg 2U_T$) 时的波形。在 $R_1 = 0$ 条件下，MC1596 工作在非饱和开关状态，因双曲正切函数均为开关函数，故差模输出电流为开关函数。u_1 和 u_2 为同频率，当相位差在 $0 < \Delta\varphi < \pi$ 时，$\text{th}\dfrac{u_1}{2U_T}$、$\text{th}\dfrac{u_2}{2U_T}$ 及 u_{om} 波形如图 7.18(b) 所示。在 $\Delta\varphi \neq \dfrac{\pi}{2}$ 时，方波 u_{om} 的阴影面积 $A_1 \neq A_2$，经低通滤波器输出直流电压 U_o 为

$$U_o = \frac{1}{\pi} \int_0^\pi u_{om} \, d(\omega t)$$

$$= -\frac{1}{\pi} [I_{EE} R_e (\pi - \Delta\varphi) - I_{EE} R_e \Delta\varphi]$$

$$= -I_{EE} R_e \left(1 - \frac{2\Delta\varphi}{\pi} \right) \tag{7-4-9}$$

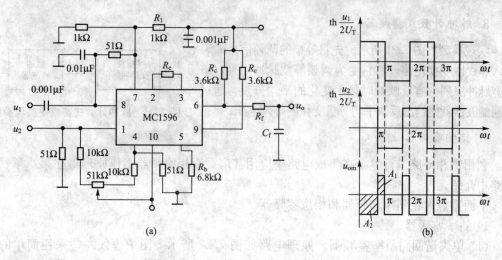

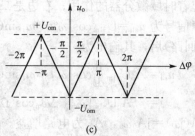

图 7.18 MC1596 组成的鉴相电路

（a）电路 （b）大信号输入和输出方波 （c）线性鉴相特性

7.4.2 频率检波电路

鉴频电路的功能是从输入调频波中检出反映在频率变化上的调制信号，即实现频率—电压的变换作用。鉴频根据波形的不同特点可以分为以下四种。

1. 斜率鉴频器

斜率鉴频器实现模型如图 7.19 所示，它将输入等幅调频波通过频率—振幅线性变换网络，变换成幅度与频率成正比变化的调幅—调频信号，然后用包络检波器检出所需要的原调制信号。

2. 相位鉴频器

相位鉴频器实现模型如图 7.20 所示，先将等幅的调频信号 $u_s(t)$ 送入频率—相位线性变换网络，变换成相位与频率成正比变化的调相—调频信号，然后通过相位检波器还原出原调制信号。

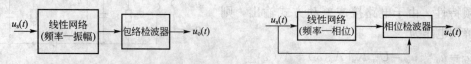

图 7.19 斜率鉴频器实现模型   图 7.20 相位鉴频器实现模型

3. 脉冲计数式鉴频器

实现模型如图 7.21 所示。先将等幅的调频信号 $u_s(t)$ 送入非线性变换网络,将它变为调频等宽脉冲序列,该等宽脉冲序列含有反映瞬时频率变化的平均分量,通过低通滤波器就能输出反映平均分量变化的解调电压。

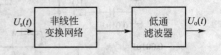

图 7.21 脉冲计数式鉴频器实现模型

4. 锁相鉴频器

利用锁相环路进行鉴频在集成电路中应用甚广。锁相鉴频器工作原理将在第八章锁相环路中介绍。

下面重点讨论斜率鉴频器和相位鉴频器。

1) 斜率鉴频器

(1) 单失谐回路斜率鉴频器。原理电路如图 7.22 所示。图中虚线左边采用简单的并联失谐回路,实际上它起着时域微分器的作用;右边是二极管包络检波器,通过它检出调制信号电压。当输入调频信号为 $u_{s1}=U_{s1m}\cos[\omega_c t+m_f\sin(\Omega t)]$ 时,通过起着幅频变换作用的时域微分器(并联失谐回路)后,其输出为

$$u_{s2}=A_0 U_{s1m}\frac{\mathrm{d}}{\mathrm{d}t}\cos[\omega_c t+m_f\sin(\Omega t)]$$

$$=-A_0 U_{s1m}[\omega_c+\Delta\omega_m\cos(\Omega t)]\sin[\omega_c t+m_f\sin(\Omega t)]$$

式中,微分器频率特性 $A(\mathrm{j}\omega)=\mathrm{j}A_0\omega_0$,$A_0$ 为电路增益。然后通过二极管包络检波器,得到需要的调制信号 u_0。

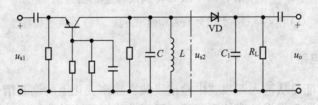

图 7.22 单失谐回路斜频鉴频器原理电路

(2) 双失谐回路斜率鉴频器。实际上,较少采用单失谐回路斜率鉴频器,这是因为单失谐回路线性范围很小。为了扩大线性鉴频范围,可采用平衡双失谐回路斜率鉴频器,如图 7.23 所示。图中,上面的谐振回路谐振在 f_{01} 上,下面的谐振在 f_{02} 上。回路对调频波中心频率 f_c 的失谐量为 Δf,并且有 $\Delta f=f_{01}-f_c=f_c-f_{02}$,如图 7.24 所示。

$$u'_{s1}=A_1(\omega)U_{sm}$$

$$u'_{s2}=A_2(\omega)U_{sm}$$

式中,$A_1(\omega)$、$A_2(\omega)$ 分别为上、下两谐振回路的幅频特性,由于电路接成差动方式输出,则输出解调电压为

$$u_0=u_{01}-u_{02}=U_{sm}K_d[A_1(\omega)-A_2(\omega)]$$

$$(7-4-10)$$

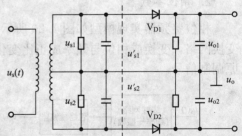

图 7.23 双失谐回路斜率鉴频器

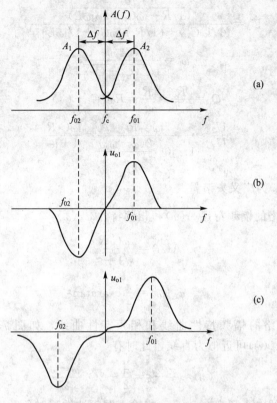

图 7.24　双失谐回路斜率鉴频曲线

2) 相位鉴频器

相位鉴频器实现模型如图 7.20 所示。它由两部分组成：第一部分先进行线性网络(频率—相位)变换，使调频波的瞬时频率的变化转换为附加相移的变化，即进行FM—PM 波变换；第二部分利用相位检波器检出所需要的调制信号。相位鉴频器的关键是找到一个线性的频率—相位变换网络。下面将从这方面讨论，然后讨论乘积型相位鉴频器。

(1) 频率—相位变换网络。频率—相位变换网络有：单谐振回路、耦合回路或其他 RLC 电路等。图 7.25 所示为电路中常采用的频相变换网络。这个电路是由一个电容 C_1 和谐振回路 LC_2R 组成的分压电路。

由图可写出输出电压表达式

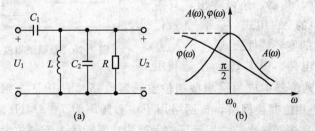

图 7.25　频率—相位变换网络

$$\dot{U}_2 = \frac{\dfrac{1}{(1/R + j\omega C_2 + 1/j\omega L)}}{(1/j\omega C_1) + (1/R + j\omega C_2 + 1/j\omega L)^{-1}} \dot{U}_1$$

令　　　　　　　　　　$$\omega_0 = \frac{1}{\sqrt{L(C_1 + C_2)}}$$

$$Q_p = \frac{R}{\omega_0 L} = \frac{R}{\omega L} = R\omega(C_1 + C_2)$$

得　　　　　　　　$$\frac{U_2}{U_1} \approx \frac{j\omega C_1 R}{1 + jQ_p \dfrac{2(\omega - \omega_0)}{\omega_0}} = \frac{j\omega C_1 R}{1 + j\xi}$$

式中，$\xi = \dfrac{2(\omega - \omega_0)}{\omega_0} Q_p$ 为广义失谐量。

由上式可求得网络的幅频特性 $A(\omega)$ 和相频特性 $\varphi_A(\omega)$：

$$A(\omega) = \frac{\omega C_1 R}{\sqrt{1 + \xi^2}}$$

$$\varphi_A(\omega) = \frac{\pi}{2} - \arctan\xi \qquad\qquad (7-4-11)$$

由上式可画出网络的幅频特性曲线和相频特性曲线，如图 7.25(b)所示。只有在 $\arctan\xi < \pm\pi/2$ 时，$\varphi_A(\omega)$ 可近似为直线，此时有

$$\varphi_A(\omega) \approx \frac{\pi}{2} - \xi = \frac{\pi}{2} - 2Q_p \frac{\omega - \omega_0}{\omega_0}$$

假定输入调频波的中心频率 $\omega_c = \omega_0$，将输入调频波的瞬时角频率 $\omega = \omega_c - \Delta\omega_m\cos\Omega t = \omega_c + \Delta\omega$ 代入上式，得

$$\varphi_A(\omega) \approx \frac{\pi}{2} - \frac{2Q_p}{\omega_0}\Delta\omega \qquad\qquad (7-4-12)$$

以上分析说明，对于实现频率—相位变换的线性网络，要求移相特性曲线在 $\omega = \omega_0$ 时的相移量为 $\pi/2$，并且在 ω_0 附近特性曲线近似为直线。只有当输入调频波的瞬时频率偏移最大值 $\Delta\omega_m$ 比较小时，变换网络才可不失真地完成频率—相位变换。

$$\Delta\varphi_A(\omega) \approx \frac{2Q}{\omega_0}\Delta\omega \qquad\qquad (7-4-13)$$

（2）乘积型相位鉴频器。实现模型框图如图 7.26 所示。不难看出，在频率—相位变换网络的后面增加乘积型相位检波电路，便可构成乘积型相位鉴频器。还可看出，只需将鉴相特性公式中的 $\Delta\varphi$ 用式（7-4-13）代替，即可获得相应的鉴频特性公式。

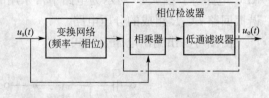

图 7.26　乘积型相位鉴频器实现模型

（3）实际应用电路。图 7.27 所示是利用 MC1596 集成模拟乘法器构成的乘积型相位鉴频器电路。图中 V 为射极输出器，L、R、C_1、C_2 组成频率—相位变换网络，该网络用于中心频率为 $7 \sim 9\text{MHz}$、最大频偏 250kHz 的调频波解调。在乘法器输出端，用运算放大器构成平衡输入低频放大器，运算放大器输出端接有低通滤波器。

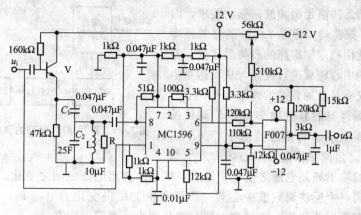

图 7.27 用 MC1596 构成乘积型相位鉴频器

7.5 自动频率控制

自动频率控制（Automatic Frequency Control，AFC）电路是一种反馈控制电路。在通信和各种电子设备中，频率是否稳定将直接影响到系统的性能，工程上常采用它来自动调节振荡器的频率，使之稳定在某一预期的标准频率附近。

7.5.1 AFC 电路的功能

图 7.28 所示为 AFC 的原理框图。f_i 为标准频率源的振荡频率，f_s 为压控振荡器（VCO）的振荡频率。在频率比较器中将 f_i 与 f_s 进行比较，输出一个与 $f_s - f_i$ 成正比的电压 u_d，u_d 称为误差电压。u_d 作为 VCO

图 7.28 AFC 的原理框图

的控制电压，使 VCO 的输出振荡频率 f_s 趋向 f_i。当 $f_s = f_i$ 时，频率比较器无输出（$u_d = 0$），VCO 不受影响，振荡频率 f_s 不变。当 $f_s \neq f_i$ 时，频率比较器有输出电压，即 $u_d \neq 0$，VCO 在 u_d 的作用下使其输出频率 f_s 趋近于 f_i。经过多次循环，最后 f_s 与 f_i 的误差减小到某一最小值 Δf，Δf 称为剩余频差。这时 VCO 将稳定在 $f_s \pm \Delta f$。

由于误差电压 u_d 是由频率比较器产生的，自动频率控制过程正是利用误差电压 u_d 的反馈作用来控制 VCO，使 f_i 与 f_s 的剩余频差最小，最终稳定在 $f_s \pm \Delta f$ 上的。若 $\Delta f = 0$，即 $f_s = f_i$，则 $u_d = 0$，自动频率控制过程的作用就不存在了。所以说，f_s 与 f_i 不能完全相等，必须有剩余频差的存在，这是 AFC 电路的一个重要特点。

7.5.2 AFC 的应用

1. 采用 AFC 的调频器

图 7.29 为采用 AFC 电路的调频器组成框图。

采用 AFC 电路的目的在于稳定调频振荡器的中心频率，即稳定调频信号输出电压 u_o 的中心频率。图中调频振荡器就是 VCO，它是由变容二极管和 L 组成的 LC 振荡器。由于石英晶体振荡器无法满足调频波偏频的要求，因而只能采用 LC 振荡器，但是 LC 振荡器的频率稳定度差，因此用稳定度很高的石英晶体振荡器对调频振荡器的中心频率进行控制，从而达到中心频率稳定，又有足够的频偏的调频信号 u_0。

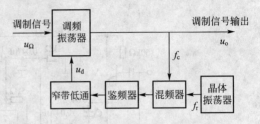

图 7.29　采用 AFC 电路的调频器组成框图

石英晶体振荡器的晶振频率为 f_r，调频振荡器的中心频率为 f_c。将鉴频器的中心频率调整在 $f_r - f_c$ 上。当调频振荡器中心频率发生漂移时，混频器的输出频差也随之变化，这时鉴频器的输出电压也随之变化。经过窄带低通滤波器，将得到一个反映调频波中心频率漂移程度的缓慢变化的电压 u_d，u_d 加到调频振荡器上，调节调频振荡器的中心频率，使其漂移减小，稳定度提高。

2. 采用 AFC 电路的调幅接收机

图 7.30 为采用 AFC 电路的调幅接收机组成框图。

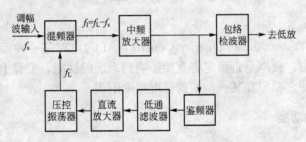

图 7.30　采用 AFC 电路的调幅接收机组成框图

图 7.30 中的调幅接收机比普通调幅接收机增加鉴频器、低通滤波器和直流放大器，同时将本机振荡器改为压控振荡器。鉴频器的中心频率为 f_I，鉴频器可将偏离于中频的频率误差变换成误差电压，该电压通过低通滤波器和直流放大器加到压控振荡器上，使压控振荡器上的振荡频率发生变化，从而导致偏离中频的频率误差减小，这样，接收机的输入调幅信号的载波频率和压控振荡器频率之差接近于中频。因此采用 AFC 电路后，中频放大器的带宽可以减小。

7.6　小　　结

(1) 调频与调相都表示为载波信号的瞬时相位受到调变，故统称为角度调制，调频信号与调相信号有类似的表达式和基本特性。不过调频是由调制信号去改变载波信号的频率，使其瞬时角频率 $\omega(t)$ 在载波角频率 ω_c 上、下按调制信号的规律而变化，即 $\omega(t) = \omega_c + k_f u_\Omega(t)$，而调相是用调制信号去改变载波信号的相位，使其瞬时相位 $\varphi(t)$ 在 $\omega_c(t)$ 上叠加按调制信号规律变化的附加相移，即 $\varphi(t) = \omega_c(t) + k_p u_\Omega(t)$。

角度调制具有抗干扰能力强和设备利用率高等优点，但调角信号的有效频谱带宽比调幅信号大得多，而且带宽与调制指数大小有关。

(2) 产生调频信号的方法很多，通常可分为直接调频和间接调频两类。直接调频是用调制信号直接控制振荡器振荡回路元件的参量而获得调频信号，其优点是可以获得大的频偏，缺点是中心频率的稳定度低；间接调频是先将调制信号积分，然后对载波信号进行调相而获得调频信号，其优点是中心频率稳定度高，缺点是难以获得大的频偏。

直接调频广泛采用变容二极管直接调频电路，它具有工作频率高、固有损耗小等优点，但其中心频率的稳定度和线性调频范围与变容二极管特性及工作状态有关。

由变容二极管构成的谐振回路具有调相作用，将调制信号积分后去控制变容二极管的结电容 C_j，即可实现调频，但它很难获得大频偏的调频信号。

在实际调频设备中，常采用倍频器和混频器来获得所需的载波频率和最大线性频偏，用倍频器同时扩大中心频率和频偏，用混频器改变载波频率的大小，使之达到所需值。

（3）调频信号的解调电路称为鉴频电路。能够检出两输入信号之间相位差的电路称为鉴相电路。

鉴相电路的输出电压与输入调频信号频率之间的关系曲线称为鉴频特性曲线，通常希望鉴频特性曲线要陡峭，线性范围要大。

常用的鉴频电路有斜率鉴频器、相位鉴频器和脉冲计数式鉴频器等。斜率鉴频是先利用 LC 并联谐振回路谐振曲线的下降（或上升）部分，将等幅调频信号变成调幅调频信号，然后用包络检波器进行解调。相位鉴频器是先将等幅的调频信号送入频相变换网络，变换成调相调频信号，然后用鉴相器进行解调。采用乘积型鉴相器的称为乘积型相位鉴频器，它由相乘器和单谐振回路频相变换网络组成。采用叠加型鉴相器的称为叠加型相位鉴频器，它由耦合回路频相变换网络和二极管包络检波电路组成。

调频信号在鉴频之前，需用限幅器将调频信号中的寄生调幅消除。限幅器通常由非线性元器件和谐振回路组成。

（4）AFC 电路是一种反馈型的自动频率控制电路，主要是能自动调整振荡器的频率，它一般都有鉴频器、低通滤波器、压控振荡器和一个标准频率源（某种固定频率的输入信号）几个部分。

7.7　实训：三极管调频发射机的制作

一、实训目的

（1）熟悉电容三点式振荡电路的结构和工作原理，以及它在调频发射机电路中所占据的位置；

（2）理解频率调制的原理和过程；

（3）了解三极管结电容在电路中所起的作用；

（4）巩固高频谐振放大器的构成和工作原理；

（5）了解电感线圈的绕制对调频发射效果的影响，学会绕制电感线圈。

二、实训步骤

（1）复习相关理论知识，熟悉电路的工作原理。

（2）如图 7.31 所示，准备电路中所需要的各种电子元器件。

（3）按照要求手工绕制电感线圈 L_1、L_2 和 L_3。

（4）利用 Protel 99 软件绘制电路原理图。

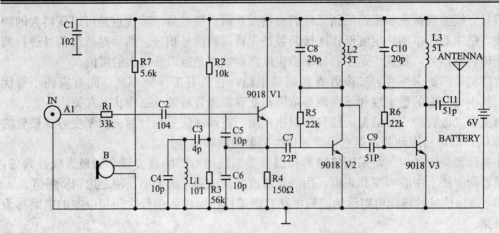

图 7.31　调频发射机电路原理图

（5）给原理图中的各个元件填写对应的封装，Protel 99 软件封装库中没有的，要求自己制作。

（6）在 Protel 99 软件中转化得到实用的电路板图。如图 7.32 所示，可以供大家参考。

（7）制作电路板，并装配、焊接成功。

（8）借助频率计调整电感线圈 L_1，使电路振荡频率在 88～108MHz 范围内。

（9）利用示波器观察后两级谐振放大器各自的输出波形，调整电感线圈 L_2、L_3，使输出波形的幅度最大。

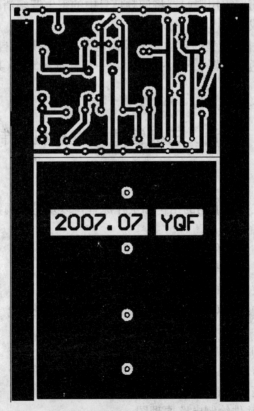

图 7.32　调频发射机的参考电路板图

（10）给电路板输入音频信号，利用调频收音机对整个电路进行调试和实测。

（11）调好后，再配上合适的外壳，一台小巧精致的调频发射机就做好了！

三、说明

（1）如图 7.31 所示，音频信号作用于三极管 VI 的发射结作为调制电压，该电压的大小直接改变发射结的结电容。结电容作为回路参数的一部分，其大小将影响高频振荡器的振荡频率。

（2）图 7.31 中，三个电容 C_2、C_7、C_9 将整个电路分成四部分：

① 最左边的第一部分为音频信号的输入接口电路。

② 接下来的第二部分完成高频载波的振荡产生和频率调制功能。调节 L_1 或 C_3、C_4 可以改变发射频率。

③ 最后两部分电路结构相同，是两级高频谐振放大电路。改变 L_2、L_3 的值，将改变放大器谐振的中心频率，从而影响已调波的输出功率，这是影响发射机发射距离的关键。

四、实训要求

（1）手工绕制电感。要求用直径为 0.5mm 的漆包线，绕成直径为 5mm 的线圈，绕制时线圈间距要紧密，线圈绕制的圈数如图 7.31 所示。

（2）按照以上各个步骤绘制电路图，并制出电路板。要求：元器件布局规则；插接口位置分布合理（尽量在边缘）；线径和焊盘直径适当，布线合理。

（3）会熟练调试调频发射机电路，达到理想的效果。

（4）对调频发射机进行实测，并记录下测量数据，完成实训报告。

7.8　习　　题

7.1　已知调制信号 $u_\Omega(t) = (2\cos 2\pi \times 10^3 t + 3\cos 3\pi \times 10^3 t)$（单位为 V），载波信号 $u_c(t) = 10\cos 2\pi \times 10^6 t$ V，调频比例常数 $k_f = 3$kHz/V。试写出调频波表达式。

7.2　已知调制信号 $U_\Omega(t) = 0.1\sin(2\pi \times 10^3 t)$ V，载波中心频率为 1MHz。把它分别送到调幅电路和调频电路中，分别形成调幅波 u_{AM} 和调频波 u_{FM}。调幅电路的调幅比例常数 $k = 0.05$，调频电路的调频比例常数 $k_f = 1$kHz/V。请分别写出 u_{AM} 和 u_{FM} 的表达式，并求各信号的带宽。

7.3　有一彩色电视伴音采用频率调制，4 频道的伴音载波中心频率 $f_c = 83.75$MHz，最大频偏 $\Delta f_m = 50$kHz，最高调制频率 $f_{max} = 15$kHz。问该调频信号瞬时频率的变化范围是多少？卡森带宽 B_{cr} 等于多少？

7.4　已知调制信号 $u_\Omega(t) = u_{\Omega m}\cos(2\pi F t)$。试求在下列四种情况下，两种角度调制信号的最大频偏 Δf_m 和卡森带宽 B_{cr}。

（1）$F = 1$kHz，$m_f = 12$rad，$m_p = 12$rad；

（2）$u_{\Omega m}$ 不变，$F = 2$kHz；

（3）$F = 1$kHz，$u_{\Omega m}$ 增加 1 倍；

（4）$F = 2$kHz，$u_{\Omega m}$ 增加 1 倍。

7.5　已知鉴频器的输入信号 $u_{1m} = 3\sin[\omega_c t + 10\sin 2\pi \times 10^3 t]$（单位为 V）。鉴频灵敏度 $S_f = -5$mV/kHz。线性鉴频范围大于 $2\Delta f_m$。求鉴频器的输出电压 $u_o(t)$。

第8章 锁相环路与频率合成技术

锁相环路(Phase Lock Loop，PLL)即自动相位控制(APC)电路，是为了提高和改善电子线路的性能指标或实现一些特定的要求，将反馈信号与原输入信号的相位进行比较，进而输出一个比较信号对系统的参数进行修正，从而提高系统性能的自动控制电路。是目前在滤波、频率合成、调制与解调、信号检测等许多技术领域应用最为广泛的一种反馈控制电路，在模拟与数字通信系统中，已成为不可缺少的基本部件。它的基本作用是在环路中产生一个振荡信号，其相位"锁定"在环路输入信号的相位上。所谓相位锁定是指两个信号的频率完全相等，二者的相位差保持恒定值。

8.1 锁 相 环 路

锁相环路(PLL)也是一种以消除频率误差为目的自动控制电路，但它的基本原理不是直接利用频率误差信号电压去消除频率误差，而是利用相位误差信号电压去消除频率误差，所以当电路达到平衡状态时，虽然有剩余误差存在，但频率误差可以降低到零，从而实现无频率误差的频率跟踪和相位跟踪。就是说，锁相环路是能完成两个电信号相位同步的自动控制系统。

锁相环路的基本理论早在 20 世纪 30 年代就已被提出，但是由于构成这种系统需要用较多的电子元器件，成本十分昂贵，因而并没有广泛应用。70 年代初，由于集成电路技术的迅速发展，使这种较为复杂的电子系统，有可能用集成工艺制作在同一硅片上，从而成本、体积大为降低和缩小，为其广泛应用奠定了物质基础，这引起了电路工作者的广泛注意，反过来又促进了对这一功能部件集成化的研究和制造。目前，锁相环路在许多技术领域获得了广泛的应用，在模拟与数字通信系统中，已成为不可缺少的基本部件，应用于滤波、频率综合、调制与解调、信号检测等多个方面。

锁相环路分为模拟锁相环路(APLL)、数字锁相环路(DPLL)、全数字锁相环路(AD-PLL)和软件锁相环路(SPLL)，模拟锁相环路可近似为线性锁相环路(LPLL)。不同类型的锁相环路，其工作方式不同，也没有通用的理论可用于所有类型的锁相环路，但 LPLL 和 DPLL 的性能相似。为了叙述方便，本节主要以 LPLL 为例讨论锁相环路的工作原理、典型电路和主要性能。

8.1.1 锁相环路的构成和基本原理

锁相环路基本组成框图如图 8.1 所示。它由鉴相器(PD)、环路滤波器(LF)和压控振荡器(VCO)组成闭合环路。

它与 AFC 电路相比较，差别仅在于比较器采用了鉴相器。鉴相器是相位比较器件，它能够检出两个输入信号之间的相位误差，即鉴相器输出电压 $u_d(t)$ 与两个输入信号之间的相位误差成比例。环路滤波器具有低通特性，用来消除误差信号中的高频分量及噪声，

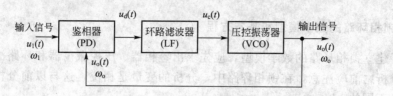

图 8.1　锁相环路基本组成框图

改善控制电压频谱纯度，提高系统的稳定性。压控振荡器受控于环路滤波器输出电压 $u_c(t)$，即其振荡频率和相位受 $u_c(t)$ 的控制。所以锁相环路与 AFC 电路的控制原理是不相同的。AFC 电路用鉴频器作比较器件，是利用输入参考信号与压控振荡器输出信号的频率误差来实现控制的。而锁相环路是用鉴相器作比较器件，是利用压控振荡器输出信号与输入参考信号的相位误差来实现控制的。

在锁相环路中，若压控振荡器的角频率 ω_o（或输入信号角频率 ω_i）发生变化，这时输入到鉴相器的电压 $u_i(t)$ 和 $u_o(t)$ 之间势必产生相应的相位变化，鉴相器将输出一个与相位误差成比例的误差电压 $u_d(t)$，经过环路滤波器取出其中缓慢变化的直流电压 $u_c(t)$，控制压控振荡器输出信号的频率和相位，使得 $u_i(t)$、$u_o(t)$ 之间的频率和相位差减小，直到压控振荡器输出信号的频率等于输入信号频率、相位差等于常数，锁相环路进入锁定状态为止。只要合理选择环路参数，可使环路相位误差达到很小值。

众所周知，两个振荡信号频率相等，则这两个信号之间的相位差必保持恒定，换句话说，如果能保证两个信号之间的相位差恒定，则这两个信号频率必相等。锁相环路就是利用两个信号之间的相位误差，来控制压控振荡器输出信号的频率和相位，最终使两个信号之间的相位差保持恒定，从而达到了两个信号频率相等的目的。所以锁相环路进入锁定后，可实现无误差频率跟踪。

锁相环路除了上述所说在环路锁定时，无频率误差的特点之外，还有以下特点。

1）窄带滤波特性

锁相环路通过环路滤波器的作用后具有窄带滤波器特性。当压控振荡器输出信号的频率锁定在输入信号频率上时，位于信号频率附近的频率分量通过鉴相器变成低频信号而平移到零频率附近，这样环路滤波器的低通作用对输入信号而言，就相当于一个高频带通滤波器，只要把环路滤波器的通带做到比较窄，整个环路就具有很窄的带通特性。它的相对带宽可做到 $10^{-7} \sim 10^{-6}$ 数量级，例如几十兆赫的频率上，可做到几赫的带宽，甚至更小。

2）频率跟踪特性

锁相环路不但具有带通滤波特性，而且压控振荡器的输出信号频率可以跟踪输入信号频率的变化，表现出良好的跟踪特性，这就表明环路不但可看作一个窄带滤波器，而且这个滤波器的中心频率可以随输入信号频率的变化而变化。

锁相环路是一个反馈控制系统，因此常采用反馈控制理论来进行分析。由于鉴相器是非线性电路，其鉴相特性是非线性的，所以锁相环路的电路方程是一个非线性微分方程，要用非线性系统理论进行分析。如果讨论的范围局限在锁定状态附近的动态平衡过程，所涉及的动态范围较小，那么鉴相器的鉴相特性可近似看成是线性的，这时环路特性可用线性微分方程来描述，采用线性电路分析方法来分析。一般来说，分析锁相环路在锁定状态附近的动态平衡过程尤为重要。

8.1.2　锁相环路的数学模型和基本方程

为了建立锁相环路的数学模型，应先求出鉴相器、压控振荡器和环路滤波器的数学模型。在分析之前应注意，在锁相环路中，分析的变量是相位，这与以前分析中变量是电压或电流是不同的。

1. 鉴相器

在锁相环路中，鉴相器用来比较输入信号电压 $u_i(t)$ 和输出信号电压 $u_o(t)$ 的相位，产生与两信号之间相位差成比例的电压 $u_d(t)$。设压控振荡器的输出电压 $u_o(t)$ 为

$$u_o(t) = U_{om} \cos[\omega_o t + \varphi_o(t)] \tag{8-1-1}$$

式中，ω_o 是压控振荡器未加控制电压时的固有振荡频率；$\varphi_o(t)$ 是以 $\omega_o t$ 为参考的瞬时相位。

设环路输入电压 $u_i(t)$ 为

$$u_i(t) = U_{im} \sin[\omega_i t + \varphi_1(t)] \tag{8-1-2}$$

式中，$\varphi_1(t)$ 为输入信号以 $\omega_i t$ 为参考的瞬时相位。

要对两个信号的相位进行比较，需要在同频率上进行。为此，可将输入信号 $u_i(t)$ 的总相位改写成

$$\omega_i t + \varphi_1(t) = \omega_o t + (\omega_i - \omega_o)t + \varphi_1(t) = \omega_o t + \varphi_i(t) \tag{8-1-3}$$

式中，$\varphi_i(t)$ 是以 $\omega_o t$ 为参考的输入信号瞬时相位，它等于

$$\varphi_i(t) = (\omega_i - \omega_o)t + \varphi_1(t) = \Delta\omega_i t + \varphi_1(t) \tag{8-1-4}$$

式中，$\Delta\omega_i$ 称为环路的固有频差，又称起始频差。

因此，将式(8-1-3)代入式(8-1-2)中，则得输入信号 $u_i(t)$ 的表示式为

$$u_i(t) = U_{im} \sin[\omega_o t + \varphi_i(t)] \tag{8-1-5}$$

所以，$u_i(t)$ 与 $u_o(t)$ 之间的瞬时相位差为

$$\varphi_e(t) = \varphi_i(t) - \varphi_o(t) \tag{8-1-6}$$

在实际电路中，用理想模拟乘法器可实现鉴相功能。设乘法器的增益系数为 A，将式(8-1-1)和式(8-1-5)所示两信号同时输入模拟乘法器，则可得到输出电压为

$$Au_i(t)u_o(t) = \frac{1}{2}AU_{im}U_{om}\sin[2\omega_o t + \varphi_i(t) + \varphi_o(t)] + \frac{1}{2}AU_{im}U_{om}\sin[\varphi_i(t) - \varphi_o(t)]$$

$$\tag{8-1-7}$$

式(8-1-7)中第一项为高频分量，可用环路滤波器将其滤除。所以，鉴相器输出的有效分量为第二项，即

$$u_d(t) = \frac{1}{2}AU_{im}U_{om}\sin[\varphi_i(t) - \varphi_o(t)] = A_d\sin\varphi_e(t) \tag{8-1-8}$$

式中，$A_d = \frac{1}{2}AU_{im}U_{om}$ 为鉴相器最大输出电压，单位为 V。

式(8-1-8)为鉴相特性，其曲线如图 8.2(a)所示，为一正弦曲线，故称正弦鉴相特性。据此鉴相特性，可作出正弦鉴相器的相位模型如图 8.2(b)所示。

在上面推导过程中，将两个输入信号分别表示为正弦和余弦形式，即正交信号输入形式，实际上两个输入信号都可以用正弦或余弦表示，只不过得到的将是余弦鉴相特性。然而，不论正弦或余弦鉴相特性，环路稳定工作区域将处于特性曲线的线性区域

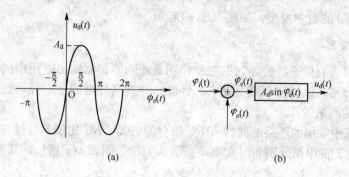

图 8.2　正弦鉴相器的鉴相特性及其相位模型

内，若以环路锁定时鉴相器输出电压等于零为标志，锁定时则正弦鉴相器与余弦鉴相器仅相差 $\pi/2$。显然，使用正弦特性分析比较方便。当 $\omega_o = \omega_i$ 环路锁定时，理想正弦鉴相器中 $\varphi_e(t) = 0$，这并不意味着鉴相器两个输入信号相位差等于 0，而是表示两个输入信号的相位差为 $\pi/2$。

2. 压控振荡器

压控振荡器（VCO）是一个电压—频率变换装置，它的振荡频率应随输入控制电压 $u_c(t)$ 的变化而变化。在一般情况下，VCO 的控制特性是非线性的，如图 8.3(a) 所示。图中，ω_o 是未加控制电压 $u_c(t)$ 时 VCO 的固有振荡角频率。不过在有限的控制电压范围内，由图 8.3(a) 可见，在 $u_c(t) = 0$ 附近的范围内控制特性呈线性，因此，VCO 输出信号的瞬时角频率 $\omega_r(t)$，可用线性方程来表示，即

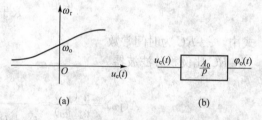

图 8.3　VCO 的控制特性及其电路相位模型

$$\omega_r(t) = \omega_o + A_0 u_c(t) \tag{8-1-9}$$

式中，A_0 为控制灵敏度或称增益系数，单位是 $\text{rad/s} \cdot \text{V}$，它表示单位控制电压所引起的振荡角频率变化的大小。

由于 VCO 的输出反馈到鉴相器上，对鉴相器输出误差电压 $u_d(t)$ 起作用的不是其频率而是其相位，因此对式(8-1-9)进行积分，则得

$$\varphi(t) = \int_0^t \omega_r(t)\,dt = \omega_o t + A_0 \int_0^t u_c(t)\,dt \tag{8-1-10}$$

与式(8-1-1)相比较。可知

$$\varphi_o(t) = A_0 \int_0^t u_c(t)\,dt \tag{8-1-11}$$

由式(8-1-11)可见，就 $\varphi_o(t)$ 和 $u_c(t)$ 之间的关系而言，VCO 是一个理想的积分器，因此，往往将它称为锁相环路中的固有积分环节。将式(8-1-11)中的积分符号改用微分算子 $p = \dfrac{d}{dt}$ 的倒数来表示，则

$$\varphi_o(t) = \frac{A_0}{p} u_c(t) \tag{8-1-12}$$

由此可得到 VCO 的数学模型，如图 8.3(b)所示。

3. 环路滤波器

环路滤波器具有低通特性，它的主要作用是滤除鉴相器输出电压中的无用组合频率分量及其他干扰分量，以保证环路所要求的性能，并提高环路的稳定性，滤波器的通带可根据环路的不同功能来设计。

在锁相环路中常用的环路滤波器有 RC 积分滤波器、RC 比例积分滤波器和有源比例积分滤波器等，它们的电路分别如图 8.4(a)、图 8.4(b)、图 8.4(c)所示，其传递函数分别为

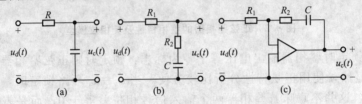

图 8.4　环路滤波器

(a) RC 积分滤波器　　(b) RC 比例积分滤波器　　(c) 有源比例积分滤波器

RC 积分滤波器

$$A(\mathrm{j}\omega)=\frac{u_{\mathrm{c}}(\mathrm{j}\omega)}{u_{\mathrm{d}}(\mathrm{j}\omega)}=\frac{\dfrac{1}{\mathrm{j}\omega C}}{R+\dfrac{1}{\mathrm{j}\omega C}}=\frac{1}{1+\mathrm{j}\omega RC}=\frac{1}{1+\mathrm{j}\omega\tau} \qquad (8-1-13)$$

式中，$\tau=RC$ 为时间常数。

RC 比例积分滤波器

$$A(\mathrm{j}\omega)=\frac{u_{\mathrm{c}}(\mathrm{j}\omega)}{u_{\mathrm{d}}(\mathrm{j}\omega)}=\frac{R_2+\dfrac{1}{\mathrm{j}\omega C}}{R_1+R_2+\dfrac{1}{\mathrm{j}\omega C}}=\frac{1+\mathrm{j}\omega R_2 C}{1+\mathrm{j}\omega(R_1C+R_2C)}$$

$$=\frac{1+\mathrm{j}\omega\tau_2}{1+\mathrm{j}\omega(\tau_1+\tau_2)} \qquad (8-1-14)$$

式中，$\tau_1=R_1C$，$\tau_2=R_2C$。

有源比例积分滤波器

$$A(\mathrm{j}\omega)=\frac{u_{\mathrm{c}}(\mathrm{j}\omega)}{u_{\mathrm{d}}(\mathrm{j}\omega)}=\frac{R_2+\dfrac{1}{\mathrm{j}\omega C}}{R_1}=\frac{1+\mathrm{j}\omega\tau_2}{\mathrm{j}\omega\tau_1} \qquad (8-1-15)$$

式中，$\tau_1=R_1C$，$\tau_2=R_2C$。

式 (8-1-15)是在集成运算放大器满足理想化条件下获得的。由于 $A(\mathrm{j}\omega)$ 与 $\mathrm{j}\omega$ 成反比，故这种滤波器又称为理想积分滤波器。

如果将 $A(\mathrm{j}\omega)$ 中的频率 $\mathrm{j}\omega$ 用微分算子 p 替换，就可以写出描述滤波器激励和响应之间关系的微分方程，即

$$u_{\mathrm{c}}(t)=A(p)u_{\mathrm{d}}(t) \qquad (8-1-16)$$

由式 (8-1-16)可得环路滤波器的电路模型如图 8.5 所示。

4. 锁相环路相位模型和基本方程

将图 8.2(b)、图 8.5 和图 8.3(b)所示三个基本环路部件的数学模型按图 8.1 所示环

路组成次序连接起来，就可以得到图 8.6 所示锁相环路相位模型，它明确地表示了环路的相位反馈调节关系。该系统输出相位直接加到鉴相器上进行相位比较，而不采用反馈网络进行变换。

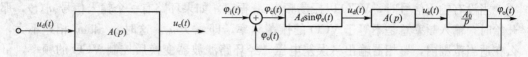

图 8.5　环路滤波器的电路模型　　　　图 8.6　锁相环路相位模型

由图 8.6 可写出环路的基本方程式为

$$\varphi_e(t) = \varphi_i(t) - \varphi_o(t) = \varphi_i(t) - \frac{A_o}{p} A_d A(p) \sin\varphi_e(t) \tag{8-1-17}$$

将式(8-1-17)两边对 t 求导数并移项，则得

$$p\varphi_e(t) + A_d A_o A(p) \sin\varphi_e(t) = p\varphi_i(t) \tag{8-1-18}$$

式(8-1-18)是一个非线性微分方程，它可以完整地描述环路闭合后所发生的控制过程。

式(8-1-18)等式左边第一项

$$p\varphi_e(t) = \frac{\mathrm{d}\varphi_e(t)}{\mathrm{d}t} = \Delta\omega_e(t) = \omega_i - \omega_r \tag{8-1-19}$$

称瞬时角频差，它表示 VCO 角频率 ω_r 偏离输入信号角频率的数值。

式(8-1-18)等式左边第二项

$$A_d A_o A(p) \sin\varphi_e(t) = \Delta\omega_o(t) = \omega_r - \omega_o \tag{8-1-20}$$

称控制角频差，它表示 VCO 在 $u_c(t) = A_d A(p) \sin\varphi_e(t)$ 的作用下，产生振荡角频率 $\omega_r(t)$ 偏离 ω_o 的数值。

式(8-1-18)等式右边项

$$p\varphi_i(t) = \frac{\mathrm{d}\varphi_i(t)}{\mathrm{d}t} = \Delta\omega_i(t) = \omega_i - \omega_o \tag{8-1-21}$$

为输入固有角频差，它表示输入信号角频率 ω_i 偏离 ω_o 的数值。

由此可见，式(8-1-18)说明锁相环路闭合后的任何时刻，瞬时角频差与控制角频差之和恒等于固有角频差，即

$$\Delta\omega_e(t) + \Delta\omega_o(t) = \Delta\omega_i(t) \tag{8-1-22}$$

当锁相环路锁定时，$\varphi_e(t)$ 为常数，$\dfrac{\mathrm{d}\varphi_e(t)}{\mathrm{d}t} = 0$，即瞬时角频差等于零而不再是时间的函数，这样鉴相器输出为直流，输入固有角频差等于环路的控制角频差。

通过以上分析可以看出，图 8.1 和图 8.6 是不同的。前者只说明锁相环路组成的框图，而后者是描述环路相位关系的相位数学模型。相位数学模型图 8.6 以及与它对应的微分方程式(8-1-17)，只给出了环路输出瞬时相位 $\varphi_o(t)$ 与输入瞬时相位 $\varphi_i(t)$ 之间关系，而不是给出输出电压 $u_o(t)$ 与输入电压 $u_i(t)$ 之间的关系。由于锁相环路是一个传递相位的闭环系统，所以只要研究相位数学模型或它的微分方程就可以获得这个系统完整的性能。

式(8-1-18)是一个非线性微分方程，这是由鉴相器鉴相特性的非线性所引起的。该方程的阶数取决于 $\dfrac{A(p)}{p}$ 的阶数，即取决于环路滤波器传递函数 $A(p)$ 的阶数加 1，因为

8.1.3 锁相环路的锁定、捕捉和跟踪特性

1. 环路的锁定

当没有输入信号时，VCO 以振荡频率 $\omega_\circ$ 振荡。如果环路有一个输入信号 $u_i(t)$，那么开始时，输入频率总是不等于 VCO 的振荡频率，即 $\omega_i \neq \omega_\circ$。这时 ω_i 和 $\omega_\circ$ 相差不大，那么在适当范围内，鉴相器输出一误差电压，经环路滤波器变换后控制 VCO 的频率，可使其输出频率 $\omega_\circ$ 变化到接近 ω_i 直到相等，而且两信号的相位误差为常数，这称为环路锁定。

2. 环路的捕捉

从信号的加入到环路锁定以前称为环路的捕捉过程。

3. 环路的跟踪

环路锁定后，当输入相位 φ_i 有一变化时，鉴相器可鉴出 φ_i 和 $\varphi_\circ$ 之差，产生一正比于这个相位差的电压，并反映相位差的极性，经环路滤波器变换去控制 VCO 的频率，使 $\varphi_\circ$ 改变，减少它与 φ_i 之差，直到保持 $\omega_i = \omega_\circ$，相位差为常数，这一过程称为环路跟踪过程。

4. 环路的捕捉带与同步带

锁相环路根据初始状态的不同，有两种不同的自动调节过程。若环路初始状态是失锁的，环路由失锁进入锁定的过程称为环路的捕捉过程，常用捕捉带的大小来反映环路的捕捉性能。当环路初始状态是锁定的，频差由小变大时，环路能够维持锁定的过程，称为环路的跟踪过程。根据跟踪中 $\varphi_e(t)$ 的大小可分为线性跟踪和非线性跟踪，环路正常工作过程中，大都处于线性跟踪状态，但同步特性却反映环路的非线性跟踪特性。

如图 8.7 所示，设 VCO 的自由振荡频率与输入的基准信号频率相差较远，这时环路未处于锁定状态。随着基准频率 f_i 向 VCO 频率 $f_\circ$ 靠拢（或反之使 $f_\circ$ 向 f_i 靠拢），达到某一频率，例如 f_1，这时环路进入锁定状态，即系统入锁，一旦入锁后，压控频率就等于基准频率，且 $f_\circ$ 随 f_i 而变化，这就称为跟

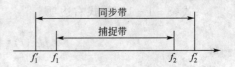

图 8.7　环路的同步带和捕捉带

踪。这时，若再继续增加 f_i，当 $f_i = f_2'$ 时，压控振荡频率 $f_\circ$，不再受 f_i 牵引而失锁，又回到其自由振荡频率。但反之，若降低 f_i，则当 f_i 回到 f_2' 时，环路并不入锁，只有当 f_i 降低到一个更低的频率 f_2 时，环路才重新入锁，这时，如再继续降低 f_i，$f_\circ$ 也有一段跟踪 f_i 的范围，直到 f_i 降到一个低于 f_1 的频率 f_1' 时，环路才失锁。而反过来又要在 f_1 处才入锁。将 $f_1 \sim f_2$ 之间的范围称为环路的捕捉带，而 $f_1' \sim f_2'$ 之间的范围则称为同步带。

可见，环路的同步带与环路增益 $A_d A_\circ$ 有关，增大 $A_d A_\circ$ 可增大环路的同步带，但这要求 VCO 的频率控制范围要足够大，否则同步带将会受到 VCO 最大频率控制范围的限制。

8.1.4 集成锁相环

集成锁相环路的发展十分迅速，应用也越来越广泛。目前生产的集成锁相环路按其内

部结构不同可分为模拟和数字式两大类，每一类中又可分为通用型和专用型两种。本节主要介绍几种通用型集成锁相环路和锁相环路的应用。

1. 通用型单片集成锁相环路 L562

L562 是一个工作频率可达 30MHz 的多功能单片集成锁相环路。它的内部除包含有锁相环路的基本环节鉴相器(PD)和压控振荡器(VCO)之外，还有三个放大器 A_1、A_2、A_3 和一个限幅器，其组成框图如图 8.8(a)所示，其外引线端(引脚)排列图如图 8.8(b)所示。

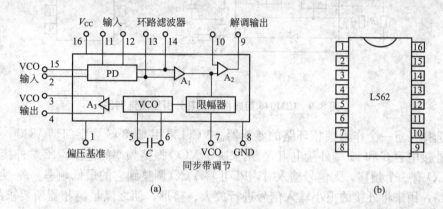

图 8.8 L562 组成框图及其外引线端(引脚)排列图

L562 的鉴相器采用双差分对模拟乘法器电路。其输出端 13、14 外接阻容元件构成环路滤波器。VCO 一般采用射极定时多谐振荡器电路，外接定时电容 C 由 5、6 端接入。

在 L562 的特定设计中，VCO 的控制灵敏度 A_0 与 VCO 的固有振荡频率 f_0 之间在数值上是相等的，即

$$A_0 = f_0 = \frac{3 \times 10^3}{C}$$

C 用 pF 代入。改变 C 就可以使 A_0 即 f_0 在很大范围内变化，适当选取 C(约 10pF)可使 f_0 高达 30MHz，但高于 30MHz，C 已很小，由于分布电容的影响很难实现频率调整。该电路控制特性线性好，振荡频率易于调整，故应用十分广泛。

图 8.8(a)中限幅器用来限制锁相环路的直流增益，以控制环路同步带的大小。由 7 端注入的电流可以控制限幅器的限幅电平和直流增益，7 端注入电流增加，VCO 的跟踪范围减小，当注入 7 端的电流超过 0.7mA 时，鉴相器输出的误差电压对 VCO 的控制被截断，VCO 处于失控自由振荡工作状态。环路中的放大器 A_1、A_2、A_3 作隔离、缓冲放大之用。

L562 只需单电源供电，最大电源电压为 30V，一般可采用＋18V 电源供电，最大电流为 14mA。信号输入(11 与 12 端间)电压最大值为 3V。

2. CMOS 锁相环路 CD4046

CD4046 是低频多功能单片集成锁相环路，它主要由数字电路构成，它具有电源电压范围宽、功耗低、输入阻抗高等优点，最高工作频率为 1MHz。

CD4046 锁相环路的组成框图和外引线端排列图如图 8.9(a)、(b)所示。由图可见，CD4046 内含两个鉴相器和一个 VCO、缓冲放大器、内部稳压器和输入信号放大与整形电路。PDⅠ采用异或门鉴相器，PDⅡ采用鉴频鉴相器，1 端是 PDⅡ锁相指示输出，两个鉴

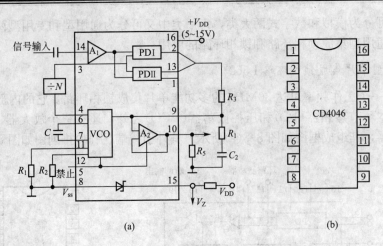

图 8.9　CD4046 组成框图及其外引线端排列图

相器可选择任意一个作为锁相环路的鉴相器。VCO 采用 CMOS 数字门型 VCO，6、7 端之间所外接电容 C 和 11 端外接电阻 R_1 用来决定 VCO 振荡频率的范围，12 端外接电阻 R_2 可使 VCO 有一个频移。无信号输入时，PDⅡ将 VCO 调整到它的最低频率。A_1 为放大和整形电路，用来将外接的很小输入信号进行放大、整形，使之满足鉴相器所要求的方波。A_2 是缓冲输出级，它是一个源极输出器，增益近似为 1，用作阻抗转换。5 端用来使锁相环路具有"禁止"功能，当 5 端接高电平 1 时，VCO 的电源被切断，VCO 停振，5 端接 0电平（或接地），VCO 工作。内部稳压器电压为 5V，即 15 与 8 端之间有 5V 基准电压输出，但 15 端需外接限流电阻。

8.2　锁相鉴频和锁相调频

8.2.1　锁相鉴频电路

调频波锁相解调电路组成框图如图 8.10 所示。当输入为调频波时，环路入锁后，VCO 的振荡频率就能精确地跟踪输入调频信号的瞬时频率而变化，产生具有相同调制规律的调频波。显然，只要 VCO 的频率控制特性是线性的，VCO 的控制电压 $u_c(t)$ 就是输入调频信号的原调制信号，取出 $u_c(t)$ 输出，即实现了调频波的解调。解调信号一般不从鉴相器输出端取出，因这时解调电压信号中伴有较大的干扰和噪声。为了实现不失真的解调，要求锁相环路的捕捉带必须大于输入调频波的最大频偏，环路带宽必须大于输入调频波中调制信号的频谱宽度。

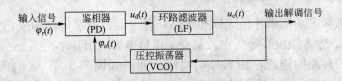

图 8.10　调频波锁相解调电路组成框图

分析证明，锁相鉴频可降低输入信噪比的门限值，而有利于对弱信号的接收。

采用集成锁相环路 L562 和外接电路组成的调频波锁相解调电路如图 8.11 所示。输入调频信号电压 $u_i(t)$ 经耦合电容 C_1、C_2 以平衡方式加到鉴相器的一对输入端 11 和 12（若要单端输入，可将 11 端通过 C_1 接地，调频信号从 C_2 单端输入 12 端即可）。VCO 的输出电压从 3 端取出，经 1kΩ 电阻、C_3 电容以单端方式加到鉴相器 2 输入端，而鉴相器另一输入端 15 经 0.1μF 电容交流接地。从 1 端取出的稳定基准偏置电压经 1kΩ 电阻分别加到 2 端 15 端，作为双差分对管的基极偏置电压。放大器 A_3 的输出端 4 外接 12kΩ 电阻到地，其上输出 VCO 电压，该电压是与调频波有相同调制规律的调频波。由于 VCO 是多谐振荡器，所以这种调频信号的载波是方波。放大器 A_2 的输出端 9 外接 15kΩ 电阻到地，其上输出低频解调电压。端点 7 注入直流，用来调节环路的同步带。10 端外接去加重电容 C_4，提高解调电路的抗干扰性。

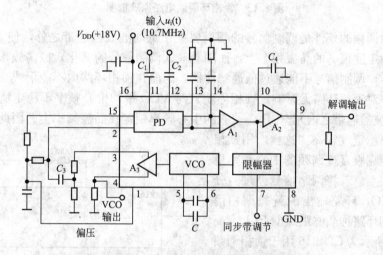

图 8.11　L562 作调频波锁相解调电路

采用单片集成电路 CD4046 构成的调频波解调电路实例如图 8.12 所示。图中，输入信号 $u_i(t)$ 是一个载频为 10kHz、调制频率为 400Hz 的调频信号。由于输入的调频信号是正弦波，因而选用 PD I 鉴相器。为了使 VCO 在载频 10kHz 附近，故 $R_1=100kΩ$ 时，C 取 1000pF；环路滤波器选择 RC 积分滤波器。VCO 的控制电压，即调频波的解调电压经放大器 A_2，从 10 端输出，R_2 为外接负载电阻。

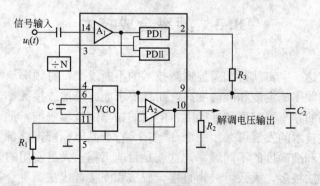

图 8.12　CD4046 作调频波解调电路

8.2.2 锁相调频电路

在普通的直接调频电路中，振荡器的中心频率稳定度较差，而采用晶体振荡器（简称晶振）的调频电路，其调频范围又太窄。采用锁相环的调频器可以解决这个矛盾，其锁相调频原理框图如图 8.13 所示。

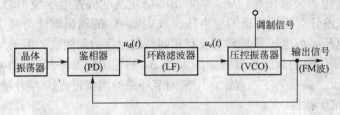

图 8.13 锁相环调频电路原理框图

实现锁相调频的条件是调制信号的频谱要处于低通滤波器通带之外，使 VCO 的中心频率锁定在稳定度很高的晶振频率上，而随着输入调制信号的变化，振荡频率可以发生很大偏移。这样，调制信号不能通过低通滤波器，因而在锁相环路内不能形成交流反馈，也就是调制频率对锁相环路无影响。锁相环就只对 VCO 平均中心频率不稳定所引起的分量（处于低通滤波器通带之内）起作用，使它的中心频率锁定在晶振频率上。因此，输出调频波的中心频率稳定度很高。这样，用锁相环路调频器能克服直接调频的中心频率稳定度不高的缺点。若将调制信号经过微分电路送入 VCO，环路输出的就是调相信号。这种锁相环路称载波跟踪型 PLL。

图 8.14 所示为 CD4046 用于锁相调频的实际电路。晶振接于 CD4046 的 14 端，调制信号从 9 端加入，调频波中心频率锁定在晶振频率上，在 3 与 4 的连接端得到调频信号，VCO 的频率可用 $100\mathrm{k}\Omega$ 的电位器调节。CD4046 的最高工作频率为 1.2MHz。

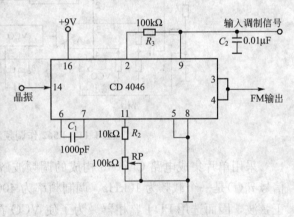

图 8.14 CD4046 锁相调频电路

8.3 频率合成技术

随着通信、雷达、宇宙航行和遥控遥测技术的不断发展，对频率源的要求也就越来越高，不但要求它的频率稳定度和准确度高，而且要求能方便地改换频率。石英晶体振荡器（晶振）虽具有很高的频率稳定度和准确度，但它的频率值是单一的，最多只能在很小频段内进行微调。现代技术的发展可采用一个（或多个）石英晶体标准振荡源，产生大量的与标准源有同一稳定度和准确度的不同频率，这就是目前工程上大量使用的频率合成技术。

频率合成的方法很多，大致可分为直接合成法和间接合成法两种。直接合成法是将基准频率(石英晶振产生)通过倍频器、分频器、混频器对频率进行加、减、乘、除运算,并通过滤波器直接获得各种所需频率。它的优点是频率转换时间短,能产生任意小的频率增量(即频率间隔)。缺点是频率范围有限,离散频率数不能太多。此外,由于采用了大量的倍频器、分频器,特别是混频器,使输出信号中的寄生频率成分和谐波、噪声显著加大;而过多的滤波器又使设备十分复杂和庞大。所以,随着集成电路技术和数字技术的发展,直接式频率合成器的发展受到限制。

频率合成技术的迅速发展和广泛应用是在 20 世纪 60 年代末期开始的。这时由于半导体集成技术日趋成熟,合成器中的相当一部分电路,已可集成在一块微小的芯片上,使许多原来体积受限的设备,如移动无线电通信系统,各种飞行器和无线电测控系统,也有了使用频率合成技术的可能。而数字集成可变分频器的出现,又把频率合成技术推向离散频率数更多、频率间隔更小、控制更灵活的集成频率合成阶段。这种合成器,只需改变数字分频器的分频比,就可改变输出信号的频率,而分频比的改变,则可通过微型计算机或其他数字存储单元进行选择和预置。

20 世纪 70 年代以来,已有大量的不同功能的频率合成集成芯片问世。目前最新型的频率合成器是全数字化频率合成器。这种合成器采用计算机、数字锁相环、数字滤波器和模/数(A/D)与数/模(D/A)转换器等功能单元构成,使频率合成器的各项性能都得到充分的改善和提高。

由于频率合成器应用广泛,但在不同的使用场合,对它的要求是不完全相同的。大体来说,频率合成器有如下几项主要技术指标。

1. 频率范围

指频率合成器的工作频率范围。要求在规定的频率范围内,在任何指定的频率点上,频率合成器都能工作,而且电性能都满足系统的性能要求。

2. 频率间隔

因频率合成器输出信号频谱不是连续的,因此,规定相邻频率之间的最小间隔为频率间隔,又称为分辨力。频率间隔的大小,随合成器的用途不同而不同。例如,短波单边带通信的频率间隔一般为 100Hz,有时为 10Hz、1Hz,甚至 0.1Hz。超短波通信则多取50kHz,有时也取 25kHz、10kHz 等。

3. 频率转换时间

从一个工作频率转换到另一个工作频率,并达到稳定工作所需要的时间,称为频率转换时间。这个时间包括电路的延迟时间和锁相环路的捕捉时间,其数值与合成器的电路形式有关。

4. 频率稳定度与准确度

频率稳定度是指在规定的观测时间内,合成器输出频率偏离标称值的程度。一般用偏离值与输出频率的相对值来表示。准确度则表示实际工作频率与其标称频率值之间的偏差,又称频率误差。事实上,稳定度与准确度有着密切的关系,因为只有频率稳定,才谈得上频率的准确,通常认为频率误差已包括在频率不稳定的偏差之内,因此,一般只提频率稳定度。

5. 频谱纯度

频谱纯度是指输出信号接近正弦波的程度，即有多少不需要的频率成分。可用输出端的有用信号电平与各寄生频率总电平之比的分贝数表示。一般情况下，合成器在某选定输出频率附近的频谱分布，除了有用频率外，其附近尚存在各种周期性干扰与随机干扰，以及有用信号的各次谐波成分。这里周期性干扰多数来源于混频器的高次组合频率，它们以某些频差的形式，成对地分布在有用信号的两边。而随机干扰，则是由设备内部各种不规则的电扰动所产生的，并以相位噪声的形式分布于有用频谱的两侧。

8.3.1 直接频率合成

直接频率合成(DS)是最早使用的频率合成方法，它由谐波发生器、倍频器、混频器和滤波器等构成，可以由一个或多个基准频率合成某个特定的频率。根据基准频率源的数目和四则运算电路组合的不同，直接频率合成器有许多不同的形式。

图 8.15 所示是由较多石英晶体同时提供基准频率的直接频率合成器组成框图。图中晶振1、晶振2为两个石英晶振，各包含 10 个石英晶体，切换不同的石英晶体就可以提供 10 个不同的振荡频率。晶振 1 产生 5.000～5.009MHz10 个频率，晶振 2 产生 6.000～6.009MHz10 个频率，选出两个频率在混频中相加，通过带通滤波器取出合成频率，则可得到 11.000～11.099MHz 共 100 个离散频率，频率间隔为 0.001MHz。要想获得更多的频率点与更宽的频率范围，可根据类似的方法多用几个石英晶体振荡器与混频器来组成。这种合成方法需用较多的石英晶体，因而离散频率数不可能太多。

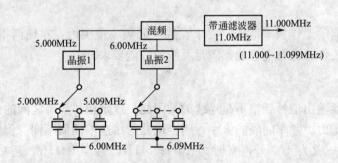

图 8.15　由多个晶振构成的直接频率合成器框图

仅用一个石英晶振也可构成直接式频率合成器。这时晶振产生的振荡信号经分频器变成标频信号，再经谐波发生器的作用获得一定的谐波输出。可用开关选中相应的谐波输出，从而取出了相应频率的信号，经过分频器、混频器、倍频器和滤波器的组合，合成器输出端输出所需频率的信号，改变开关的位置就可获得不同频率的输出信号。

直接式频率合成法的优点是频率转换时间短，能产生任意小的频率增量(即频率间隔)，故在许多通用仪器中被采用。但由于直接频率合成法要采用大量的滤波器、混频器、倍频器和分频器等，成本高、体积大，而且输出的谐波、噪声及寄生频率都难以抑制，所以它的作用和发展受到限制。

8.3.2 间接频率合成

所谓间接频率合成(IS)是利用锁相环路的窄带跟踪特性，石英晶振提供基准频率源，由 VCO 产生一系列离散的频率。因此，又称锁相频率合成。其优点是系统结构简单，输出频率成分的频谱纯度高，而且易于得到大量的离散频率，它已成为目前频率合成技术中的主要形式。

锁相频率合成由基准频率产生器和锁相环路两部分构成。基准频率产生器为合成电路提供一个或几个稳定度和准确度都很高的参考频率。锁相环路则利用其良好的窄带跟踪特性，使频率准确地锁定在参考频率或某次谐波上。所以，锁相频率合成器中，输出频率系列是由 VCO 产生的。锁相频率合成器的基本构成方法主要有：脉冲控制锁相法、模拟锁相合成法、数字锁相合成法。下面对这三种基本方法的工作原理分别予以介绍。

1. 脉冲控制锁相法

脉冲控制锁相频率合成器原理框图如图 8.16 所示。5MHz 晶振产生的振荡信号，经参考分频器降低到 100kHz，然后输入谐波发生器，形成重复频率为 100kHz 的窄脉冲。该脉冲中含有丰富的谐波，它们都作为基准信号同时加到鉴相器的输入端，与来自 VCO、频率为 f_0 的振荡信号在鉴相器中进行相位比较，调整 f_0 接近于 f_r 的某次谐波 nf_r 时，通过锁相环路的作用，即可将 f_0 锁定在

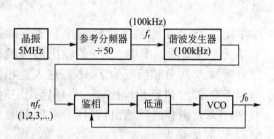

图 8.16 脉冲控制锁相频率合成器原理框图

nf_r 上。例如，当 VCO 的振荡频率调整到接近于 100kHz 的 21.6 次谐波时，VCO 输出信号就会自动锁在 21.6MHz 的频率上。这种频率合成器的最大优点是简单，指标也可以做得比较高。但是，由于它是利用基准信号的谐波频率作为参考频率，故要求 VCO 的频率精度必须在 $0.5f_r$ 以内，否则输出频率就可能有错锁现象发生，一方面应提高 VCO 调谐机构的性能，另一方面应限制谐波发生器的倍频次数，因倍频次数越高，输出频率的分辨力就越低。所以这种合成方法所能提供的频率数是有限的。

2. 模拟锁相合成法

模拟锁相频率合成器的基本单元原理框图如图 8.17 所示。由图可见，由于锁相环路中接入了一个由混频器和用以提取差频频率的带通滤波器组成的频率减法器，当环路锁定，可使 VCO 振荡频率 f_0 与外加控制频率 f_L 之差（$f_0 - f_L$）等于参考频率 f_r，所以，VCO 的振荡频率 $f_0 = f_L + f_r$。改变外加控制频率 f_L 的值，就可以获得不同频率的输出信号。因为图 8.17 所示仅为模拟锁相频率合成器的一个基本单元，该单元所能提供的信道

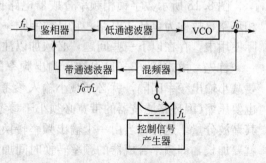

图 8.17 模拟锁相合成器基本单元原理方框图

数取决于控制信号产生器可能提供的频率数，在一般情况下，其频率数不可能很多，而且频率间隔比较大。为了增加模拟锁相频率合成器的输出频率数和减小信道间的频率间隔，可采用由多个基本单元组成的多环路级联工作方式，也可以在基本单元环路中，串接多个

由混频器和带通滤波器组成的频率减法器，把 VCO 的频率连续与特定的等差数列频率进行多次混频，逐步降低到鉴相器的工作频率上，通过单一的锁相环路，获得所需的输出频率，这称为单环工作方式。

3. 数字锁相合成法

数字锁相频率合成器是目前应用最广泛的一种频率合成器，它与模拟锁相频率合成器的区别仅在于锁相环路中采用了除法器（分频器）而不是用频率减法器来降低输入鉴相器的频率。由于分频器可以很方便地用数字电路来实现，而且还具有可储存、可变换等功能，因此，它比一般模拟频率合成器更方便、更灵活。此外，数字电路易于实现集成化和超小型化，所以尤其适用于体积受限或质量受限的设备，如移动通信、飞行器通信与控制等系统。

图 8.18 所示为数字锁相频率合成器的基本单元原理框图。图中 VCO 的输出信号经程序分频器 N 次分频后变为 f_0/N，送入鉴相器与参考频率 f_r 进行相位比较。当环路锁定时，$f_r=f_0/N$，则合成器输出信号频率 f_0 与参考频率 f_r 的关系为

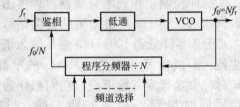

图 8.18 数字锁相频率合成器基本单元原理框图

$$f_0=Nf_r \qquad (8-3-1)$$

即输出信号频率是参考频率的整数倍。因此，当采用频率选择开关改变分频比 N 时，VCO 将输出以 f_r 为频率间隔的离散频率系列。例如，当 $f_r=100$kHz，分频比 N 在 31～316 范围内变化时，VCO 的输出频率范围将为 3.1～31.6MHz，频率间隔为 100kHz。又如当 $f_r=100$Hz，$N=30000$～39999 时，VCO 输出频率将为 3～3.9999MHz，频率间隔为 100Hz。可见，采用数字锁相频率合成法，只需正确选择分频器的分频数和合适的参考频率，就可获得符合要求的离散频率系列。当分频器的分频比较大时，所需分频数可由固定分频器和可变分频器共同产生。此外，在参考信号输入端也可接入参考分频器，以降低输入鉴相器的参考频率，提高频率合成器输出频率的分辨力。

图 8.18 所示数字锁相频率合成器电路比较简单，构成比较方便。因它只含有一个锁相环路，故称为单环式电路，它是数字频率合成器的基本单元。单环数字频率合成器在实际使用中，存在以下一些问题，必须加以注意和改善。

首先，由式（8-3-1）可知，输出频率的间隔等于输入鉴相器的参考频率 f_r，因此，要减小输出频率间隔，就必须减小输入参考频率 f_r。但是降低 f_r 后，环路滤波器的带宽也要压缩（因环路滤波器的带宽必须小于参考频率），以便滤除鉴相器输出中的参考频率及其谐波分量。这样，当由一个输出频率转换到另一个频率时，环路的捕捉时间或跟踪时间就要加长，即频率合成器的频率转换时间加大。可见，单环频率合成器中减小输出频率间隔和减小频率转换时间是矛盾的。另外，参考频率 f_r 过低还不利于降低由 VCO 引入的噪声，使环路总噪声不可能为最小。

第二，锁相环路内接入分频器后，其环路增益将下降为原来的 $1/N$。对于输出频率高、频率覆盖范围宽的合成器，当要求频率间隔很小时，其分频比 N 的变化范围很大，N 在大范围内变化时，环路增益也将大幅度的变化，从而影响到环路的动态工作性能。

第三，可编程分频器是数字锁相频率合成器的重要器件，其分频比的数目决定了合成

器输出信道的数目。由图 8.18 可见，程序分频器的输入频率就是合成器的输出频率。目前，由于可编程分频器的工作频率比较低，例如，由晶体管—晶体管逻辑(TTL)器件做成的可编程分频器，其上限频率为 25MHz，而用互补对称金属氧化物半导体(CMOS)逻辑器件做成的可编程分频器，上限频率则约为 4MHz。而事实上，大多数通信系统的工作频率要比上述数值高得多。例如，移动通信机的工作频率一般为 150MHz、450MHz、900MHz 和 1600MHz，这样就存在频率合成器输出频率与分频器工作频率之间的矛盾。

为提高频率合成器的性能，必须解决上述的问题，在实际应用中，解决这些问题的方法很多。其中使用最多的是多环式数字频率合成器。关于多环式数字频率合成器的工作原理这里不再详述，可参阅有关书籍。

8.3.3　直接数字式频率合成器

直接数字式频率合成器(DDS)是近年来发展非常迅速的一种器件，它采用全数字技术，具有分辨率高、频率转换时间短、相位噪声低等特点，并具有很强的调制功能。

DDS 的基本思想是在存储器存入正弦波(或其他波形)的 N 个均匀间隔样值，然后以均匀速度把这些样值输入到 D/A 转换器，将其转换成模拟信号，最低输出频率的波形会有 N 个不同的点。同样的数据输出速率，但存储器中的值每隔一个值输出一个，就能产生二倍频率的波形。以同样的速率，每隔 k 个点输出就得到 k 倍频率的波形。频率分辨率与最低频率一样，其上限频率与 DDS 所用的工作频率有关。DDS 的组成框图如图 8.19 所示，它由相位累加器、只读存储器(ROM)、D/A 转换器(DAC)和低通滤波器(LF)组成，图中 f_c 为时钟频率。相位累加器和 ROM 构成数控振荡器(NCO)。相位累加器的长度为 N，用频率控制字 K 去控制相位累加器的累加次数。

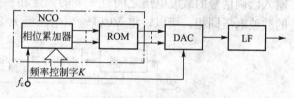

图 8.19　DDS 的组成框图

对一个固定的频率 ω，$\mathrm{d}\varphi/\mathrm{d}t$ 为一常数，即固定频率信号的相位变化与时间成线性关系，可用线性累加器来实现这个线性关系。不同的 ω 值需要不同的 $\mathrm{d}\varphi/\mathrm{d}t$ 的输出，这就可用不同的值加到相位累加器来完成。当最低有效位为 1 加到相位累加器时，产生最低的频率，在时钟的作用下经过了 N 位累加器的 2^N 个状态，输出频率为 $f_c/2^N$。加任意的 M 值到累加器，则 DDS 的输出为

$$f_o = M f_c / 2^N \tag{8-3-2}$$

式中，$M \leqslant 2^{N-1}$，所以 $f_0 \leqslant \dfrac{f_c}{2}$，通常情况下，$f_0 \leqslant 0.4 f_c$。在时钟 f_c 的作用下，相位累加器通过 ROM(查表)，得到对应于输出频率的量化振幅值，通过 D/A 转换，得到连续的量化振幅值，再经过低通滤波器滤波后，就可得到所需频率的模拟信号。改变 ROM 中的数值，可以得到不同的波形，如正弦波、三角波、方波、锯齿波等周期性的波形。

在 DDS 中，输出信号波形有频率 ω、相位 φ 和振幅 A 三个参数，它们都可以用数据字来定义。ω 的分辨率由相位累加器中的比特数确定，φ 的分辨率由 ROM 中的比特数确定，而 A 的分辨率由 D/A 转换器中的分辨率确定。因此，在 DDS 中可以完成数字调制和模拟调制。频率调制可以用改变频率字来实现，相位调制可以用改变瞬时相位来实现，振幅调制可以在 ROM 和 D/A 转换器之间加数字乘法器来实现。因此许多厂商在生产 DDS

芯片时就考虑了调制的功能,可直接利用这些 DDS 芯片完成所需的调制功能,这无疑为实现各种调制方式增添了更多的选择。而且,用 DDS 完成调制带来的好处是以前许多相同调制的方法无法比拟的。用 DDS 完成调制,其调制方式是非常灵活方便的,调制质量也很好。这样,将数字调制和频率合成合二为一,系统大大简化,因此,复杂度、成本大大降低,是一种非常好的选择。但也存在着输出频率低、杂散和功耗大等缺点。

8.4　锁相环应用举例

锁相环路有许多独特的优点,如有良好的跟踪特性,可实现无误差的频率跟踪和良好的窄带滤波特性等,所以锁相环路应用十分广泛。现通过几个具体例子说明如何利用锁相环路的特性,实现某种特定的功能。

1. 同步检波

采用锁相环路从所接收的信号中提取载波信号,可实现调幅波的同步检波。其电路组成框图如图 8.20 所示。输入电压 $u_i(t)$ 为调幅信号或带有导频的单边带信号,环路滤波器的通频带很窄,使锁相环路锁定在调幅波的载频上,这样压控振荡器(VCO)就可以提供能跟踪调幅信号载波频率变化的同步信号。不过采用模拟鉴相器时,由于 VCO 输出电压与输入已调信号的载波电压之间有 $\pi/2$ 的固定相移,为了使 VCO 输出电压与输入已调信号的载波电压同相,所以,将 VCO 输出电压经 $\pi/2$ 的移相器加到同步检波器。

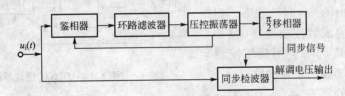

图 8.20　采用锁相环路的同步检波电路框图

2. 锁相接收机

卫星或其他宇宙飞行器,由于离地面距离很远,同时受体积限制,发射功率又比较小,致使向地面发回的信号很微弱,又由于多普勒效应,频率漂移严重。在这种情况下,若采用普通接收机,势必要求它有足够的带宽,这样接收机的输出信噪比将严重下降而无法有效地检出有用信号。采用图 8.21 所示的锁相接收机,利用环路的窄带跟踪特性,就可十分有效地提高输出信噪比,获得满意的接收效果。

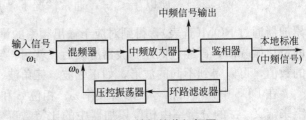

图 8.21　锁相接收机框图

锁相接收机实际上是一个窄带跟踪环路。它比一般锁相环路多了一个混频器和中频放大器。由 VCO 输出电压作为本振电压(频率为 ω_0),它与外加接收信号(频率为 ω_i)相混后，输出中频电压，经中频放大器后加到鉴相器与本地标准中频参考信号进行相位比较，在环路锁定时，加到鉴相器上的两个中频信号频率相等。当外界输入信号频率发生变化时，VCO 的频率也跟着变化，使通过中频放大器的中频信号频率自动维持在标准中频上不变。这样中频放大器的通频带就可以做得很窄，从而保证鉴相器输入端有足够的信噪比，提高了接收机的灵敏度。

3. 集成频率合成器

集成频率合成器电路可分为通用型和专用型两类。通用型集成频率合成器一般由集成锁相环、参考频率源电路和可编程分频器集成电路等构成。专用型集成频率合成器是将频率合成器的主要部分均集成在一个芯片上，所以其集成规模较大，它还可以与微型计算机结合在一起，完成频率的编程。通常在专用集成频率合成器中，把环路滤波器、VCO 以及频率选择控制电路置于集成电路之外，以利于用户根据系统要求，自行设计合适的 VCO 和环路滤波器。这里将主要介绍单片集成锁相环路组成的频率合成器。

图 8.22 是用 L562 单片集成锁相环路构成的频率合成器电路。图中实线框内的电路为集成锁相环内部电路，实线框外为外接电路。由晶体振荡器（晶振）送来的参考频率为 f_r 的信号，通过 C_2 经 12 端接入鉴相器，它与由 15 端引入的、经程序分频器分频后的 VCO 信号，在鉴相器中进行相位比较，得到的误差信号，经低通滤波器 C_5、放大器 A_1 和限幅器处理后，对 VCO 的振荡频率进行控制。受控的 VCO 信号经 A_3 放大后，由 4 端引出，经过 R_4、C_8、R_5 阻容耦合电路，输入程序分频器，从而构成闭合环路。当环路锁定，可由 3 端输出 VCO 信号，其 $f_o = Nf_r$，频率间隔为 f_r。分频比 N 由频道选择开关控制。VCO 的振荡频率可由外接电容 C_6 确定，其最高振荡频率为 30MHz。

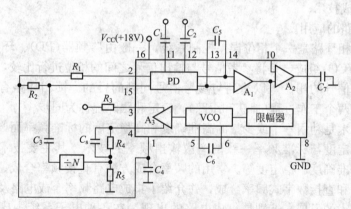

图 8.22　L562 构成的频率合成器电图

图 8.23 为用集成锁相环路 CD4046 构成的频率合成器电路实例。参考频率振荡器由 1024kHz 标准晶体构成，它的输出信号送入由 CC4040 组成的参考分频器。CC4040 由 12 级二进制计数器组成，取分频比 $R = 2^8 = 256$，即可得到较低的参考频率 $f_r = 1024/256 = 4kHz$。可编程序分频器用 CC40103 构成，它是 8 位可预置二进制 $\div N$ 计数器，按图中接线，分频比 $N = 29$。参考频率 f_r 由 14 端引入锁相环路 PD II 鉴相器输入端，VCO 输出信号由 4 端输出到程序分频器，经 29 分频后加到鉴相器另一输入端（3 端），与 f_r 进行相位比较。当环路锁定时，由锁相环路 4 端就可以输出频率 $f_o = Nf_r$、频率间隔为 4kHz 的信号。改变 CC40103 预置二进制数端的接线，即可获得不同频率的输出信号。

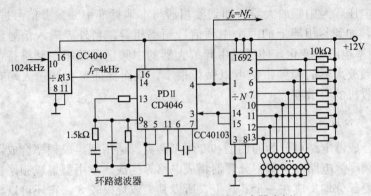

图 8.23　CD4046 构成的频率合成器实例

8.5　小　　结

本章主要讨论了锁相环路(PLL)的基本工作原理。主要介绍的内容包括：

(1) 锁相环路的构成及工作原理；

(2) 锁相环路各组成部分的分析，锁相环路的数学模型；

(3) 锁相环路的捕捉特性和跟踪特性；

(4) 集成锁相环路；

(5) 锁相鉴频及锁相调频；

(6) 频率合成技术；

(7) 锁相环路的应用。

所介绍的锁相环路是一个相位误差控制系统，一般由鉴频器(PD)、环路滤波器(LF)和压控振荡器(VCO)组成，是将参考信号与输出信号之间的相位进行比较，产生相位误差电压来调整输出信号的相位，以达到与参考信号同频的目的。锁相环路有两个工作状态(失锁和锁定)和两个工作过程(捕获和跟踪)，锁定和跟踪统称为同步。

频率合成技术是利用一个或少量的高准确度和高稳定度的标准频率而产生出多个或大量的准确度和稳定度与标准频率一致的离散输出频率的技术。其主要技术指标有频率范围、频率间隔、准确度、稳定度等。常用的频率合成方法有直接频率合成、间接频率合成(锁相频率合成)和直接数字式频率合成，并介绍了集成电路频率合成电路及其应用。

随着电子技术的发展，特别是集成电路的出现，在各种电子系统中广泛使用锁相环路。例如，锁相接收机、微波锁相振荡器、锁相调频器、锁相鉴频器等。特别在锁相频率合成器中，锁相环路具有稳频作用，能够完成频率的加、减、乘、除等运算，可以作为频率的加减器、倍频器、分频器等使用。

8.6　实训：频率合成器的制作

一、实训目的

(1) 了解由锁相环路构成的频率合成器的电路结构；

（2）理解频率合成器的工作原理；

（3）熟悉分频器分频比的计算方法；

（4）会根据频率合成器电路原理图正确制出电路板，并调试成功；

（5）会对频率合成器电路进行通电调试，设计数据记录表格，并记录和分析测量数据。

二、实训步骤

（1）复习相关理论知识，熟悉频率合成器电路的工作原理。

（2）如图 8.24 所示，准备电路中所需要的各种电子元器件。

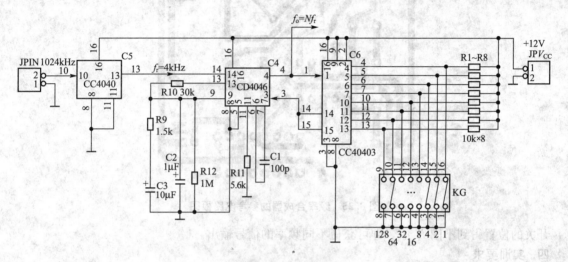

图 8.24　频率合成器电路原理图

（3）利用 Protel 99 软件绘制电路原理图。

（4）给原理图中的各个元器件填写对应的封装，Protel 99 软件封装库中没有的，要求自己制作。

（5）在 Protel 99 软件中转化得到实用的电路板图。如图 8.25 所示，可以供大家参考。

（6）制作电路板，并装配、焊接成功。

（7）在信号输入端加 1024kHz 的信号，调节拨码开关的位置如图 8.24 所示，借助频率计测量输出信号的频率值。

（8）改变拨码开关的位置，借助频率计再次测量输出信号的频率，比较实际测量的频率值与理论计算的频率值是否一致。

三、说明

（1）在工程应用上，对频率源的要求不仅要稳定、准确，而且还要能够方便的改变频率值。频率合成器既可采用一个或多个石英晶体标准振荡源来产生大量的、与标准源有相同频率稳定度和准确度的众多频率。

（2）通常锁相频率合成器是利用锁相环路的窄带跟踪特性，在基本锁相环路的反馈通道中插入分频器来构成的。

（3）图 8.24 中，CC4040 为参考分频器，其分频比 $R=2^8=256$。CD4046 为集成锁相环路。CC40103 为 8 位可预置二进制 $\div N$ 计数器，其分频比 N 由拨码开关的位置来决定。按照图 8.24 的连接方式，可以输出频率为 $f_o=Nf_r$、频率间隔为 4kHz 的信号。改变拨码

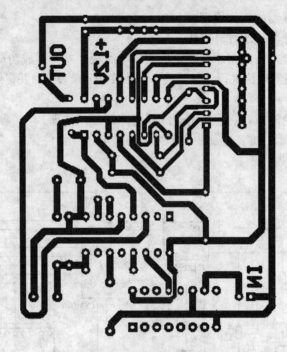

图 8.25 频率合成器的参考电路板图

开关的位置得到不同 N 值，即可获得不同频率的信号输出。

四、实训要求

（1）会利用 Protel 99 软件绘制电路原理图。

（2）会在 Protel 99 软件环境中为各个元器件指定封装名称，封装库中没有的元器件，会自己定义封装库。

（3）能够正确生成电路板图，要求：元器件布局规则；插接口位置分布合理（尽量在边缘）；线径和焊盘直径适当；布线合理。

（4）能够熟练制出电路板，并装配焊接成功。

（5）会熟练调试频率合成器电路，达到预期的效果。

（6）会对频率合成器电路进行实测，并记录下测量数据，完成实训报告。

8.7 习　　题

8.1　锁相与自动频率调节有何区别？为什么说锁相环相当于一个窄带跟踪滤波器？

8.2　在锁相环路中，常用的滤波器有哪几种？写出它们的传输函数。

8.3　什么是环路的跟踪状态？它和锁定状态有什么区别？

8.4　试分析锁相环路的同步带和捕捉带之间的关系。

8.5　试画出锁相环路的框图，并回答以下问题：

（1）环路锁定时压控振荡器的频率和输入信号频率之间是什么关系？

（2）在鉴相器中比较的是何种参量？

8.6　举例说明锁相环路的应用。

第9章 高频电子电路应用

本章对高频电子电路的发射电路与接收电路作了详细介绍，这些设备在现代通信系统、广播与电视系统、无线安全防范系统、无线遥控和遥测系统、雷达系统、电子对抗系统、无线电制导系统等领域中是必不可少的。另外，还详细分析了 49.67MHz 窄带调频发射器以及 49.67MHz 窄带调频接收器的集成电路，并对常用射频发射模块与接收模块作一介绍，用来帮助读者提高对高频电子电路的综合运用能力。

9.1 发射机电路工作原理

发射机电路是整个高频电子电路中非常重要的设备，发射机设备的性能决定了接收设备的接收效果，为了使设备能有一个优良的传输线路，首先介绍在电路中非常重要的器件——螺旋滤波器和谐振器。

螺旋滤波器和谐振器的无线 Q 值非常高，而且选择性很优越，因而它们已经在现代 VHF/UHFF 收发信机中得到了普遍应用。在发射机电路中，这种谐振电路可以选择倍频系统中的有用谐波分量，并有助于在有用信道上传送纯净频率信号。在接收机电路中，这样的谐振电路能使镜像信号、寄生辐射信号和互调失真分量受到抑制。此外，这种电路在结构上也是牢固的。

螺旋谐振电路装在一个圆形或方形容器内，基本上是一个 1/4 波长传输线段，如图9.1所示。该容器具有接近无损耗介质罩的作用。螺旋管的基部与罩相连。螺旋管顶部通过低损耗可调电容器与罩相连，可调电容器可以用来调谐谐振器。可以用电感性环圈或电容性探针的各种方式进行耦合。然而，在线圈上用直达抽头的方法最为普遍。

双段或双杆螺旋线滤波器是用一个罩内的两截线段形成的，组成双调谐变压器结构。用输入线圈和输出线圈上的抽头做成输入和输出连接线。每一段均有其自身的调谐电容，如图 9.2 所示。通过缝穴，使一个调谐电路与另一个调谐电路耦合；缝穴的位置和尺寸对双段滤波器的特性有决定性影响。

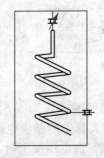

图 9.1 基本的螺旋线谐振电路

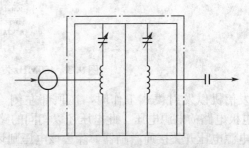

图 9.2 双段螺旋线滤波器

　　微带线段可用作优良的谐振电路和 UHF 发射极放大器内的电感器。微带线是具有特别形状的印制电路板衬垫，它可以提供出类似于传输线的特性阻抗。从电气特性上来说，它们是一些传输线，具有沿线分布的串联电感和分布电容。微带线宽度、电路板厚度和电路板材料介质都是物理特性材料，它们决定了微带线阻抗。因为电路板厚度和材料不易迅速变化，所以调整阻抗所使用的方法是改变衬垫的宽度。衬垫越宽，特性阻抗越低。

　　下面以 450MHz 发射机电路为例介绍发射机电路，如图 9.3 所示，图有两部分构成，第一部分是图中顶部三级激励器，其中包括放大器、三倍倍频器和后随第二放大器。其输出加到第二部分图中底部三级发射机功率放大器的输入端。激励器的输入电平近似等于 5mV，由装于第二块板上的频率合成器的压控振荡器（VCO）供给，该振荡器是频率合成器的一个组成部分。激励器的输出为 60mV，是激励功率放大器的最小值。晶体管 V_{101} 是 A 类工作的放大器。输入电阻 R_{101}、R_{102}、R_{103} 接成 2dB 电阻衰减器，对 VCO 输出表现为一个不变的负载，当在发射模式与接收模式转换时，可以保持频率的稳定性。这一输入衰减器后随一个由 C_{101}、C_{102} 和 L_{101} 组成的阻抗匹配网络，该网络使 V_{101} 基极与 50Ω 相匹配。

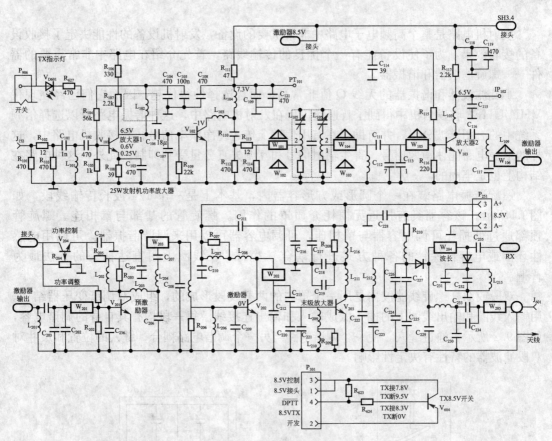

图 9.3　450MHz 发射机电路

　　收发信机以发射模式工作时，在顶部左侧，加至激励器的电压为 8.5V，用它作为 V_{101} 集电极电路的电源电压。此电压还以相同的路径加至放大器 2 的基极电路作为基极偏压。该电源电压开关接通激励器，除去该电压则切断发射机。当电压加上时，图中顶部左侧的发光二极管 V_{D601} 点亮，表示发射机工作。电阻 R_{627} 是 V_{D601} 的限流电阻。

图中电阻 R_{104} 和 R_{105} 给 V_{101} 提供基极偏置。电阻 R_{106} 和电容 C_{104}、C_{105} 组成电源电压去耦网络。电感 L_{102} 和电阻 R_{107} 组成准确的宽带输出谐振电路。电容 C_{106} 和 C_{107} 为三倍频器输入电路提供匹配。由 8.5V 不间断电源获得电源电压。当在发射和接收之间转换时，无须人工将此电压转接至相应的电路。集电极电感 L_{104}，电容 C_{108}、C_{109}、C_{121} 和电阻 R_{111} 组成去耦隔离电路，并使三倍频器输出端负载减至最小。电阻网络 R_{112}、R_{113} 和 R_{114} 组成去耦隔离电路，并使三倍频器输出电路通过 50Ω 阻抗微带线 W_{101} 与螺旋双极滤波器匹配。在发射极内有许多这样的 50Ω 微带线段，在使用内阻为 50Ω 的电源和终端的情况下，以此微带线段作为确定故障位置和测试时监视或注入信号的端点。螺旋滤波器仅允许传送三倍频器的三次倍频输出，而抑制其他频率分量，使出现的寄生信号分量和互调失真减至最小值。

螺旋滤波器后接另一个阻抗匹配电路，用于激励激励器 B 类输出级（V_{103}）。激励器的 50Ω 输出阻抗加至图 9.3 底部左侧所示的 25W 功率放大器输入级基极。由 L_{201}、C_{201}、C_{202}、C_{203} 和 50Ω 微带线 W_{201} 组成的网络，使其与信号匹配。

功率调整控制电位器 R_{204} 位于前置激励器电路内，用它可以调整发射机输出功率。晶体管是与动片连接的，调整时，改变加至集电极的电压，从而微调了发射机的输出功率。

激励器（V_{202}）提供附加放大量，再将信号通过常用的阻抗匹配网络，加到 25W 末级功率放大器 V_{203} 上。用一个由电感 L_{212} 和电容 $C_{222}\sim C_{227}$ 组成的 π 网络，与天线系统匹配。

其余元器件供天线匹配与开关使用。当按下送话器（话筒）通话按钮开关时，出现了 8.5V TX 电压经过 R_{210} 和 L_{213} 加到 V_{D201} 上。这样一来，V_{D201} 和 V_{D202} 受到正向偏置，就将功率放大器的输出通过由电感 L_{214} 以及电容 C_{229} 和 C_{230}、W_{205}、C_{233} 和 C_{234} 组成的低通滤波器直接加至天线。与此同时，1/4 波长微带线段 W_{204} 和正向偏置二极管 V_{D202} 表现为对接收机开路，从而防止了接收机输入电路受到任何可能的损坏。实际上，二极管 V_{D202} 导通，使四分之一波长微带线段的输出侧短路。因此，在线的对面端反射为高阻抗，发射机信号不能进入接收机。

9.2　接收机电路工作原理

接收机电路如图 9.4 和图 9.5 所示。首先讨论静噪电路的工作。IC_{501} 内部的电路提供滤波，将接收到的 $6\sim 8\text{kHz}$ 频带内的噪声，由引脚 11 加至电位器 R_{607}。静噪调整控制电位器的输出，送至由 C_{606}、C_{607}、C_{621} 和二极管 V_{D601} 组成的噪声检波器上。由于噪声幅度在负方向上增加，所以负尖峰使 V_{D601} 导电和使电容 C_{607} 和 C_{621} 充电，其直流电平与噪声功率成比例。然后，该直流分量加至集成电路的静噪触发器（引脚 12）。

静噪操作在集成电路内进行，当无接受信号时，引脚 9 上的音频输出受到静噪，以防止在扬声器的输出端出现高的噪声电平。当接收到信号时，电路不受静噪，因为此时信号比噪声大很多，因此在引脚 11 上不出现噪声。这样一来，正常的音频输出出现在引脚 9 上，经音频放大器放大后，由扬声器复现出来。

静噪直流分量还出现在集成电路 14 引脚上，并加在 CAS 缓冲器上，以足够幅度驱动任选信道占线灯或外部继电器动作。CAS 静噪分量用于与扫描方案有关的计算机活动中。

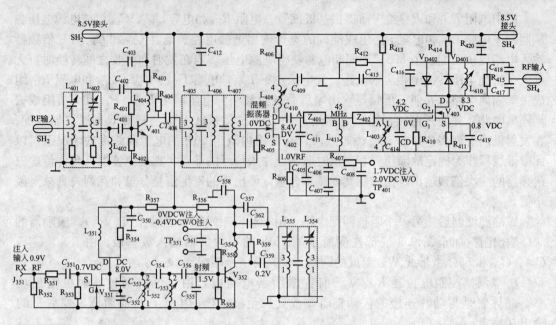

图 9.4　450MHz 移动无线电设备的射频段和中频段

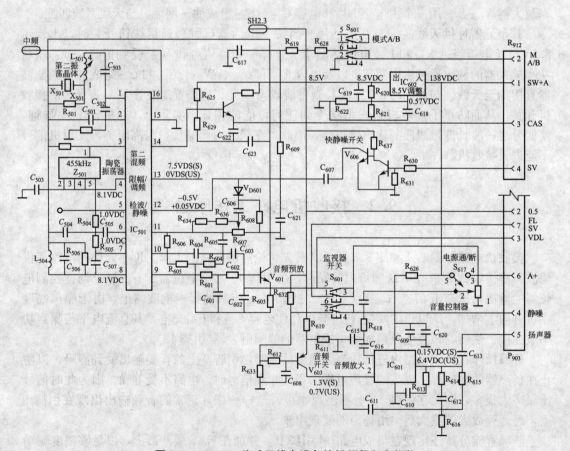

图 9.5　450MHz 移动无线电设备的低频段和音频段

下面分析图 9.4 和图 9.5，接收到的信号经过上述低通滤波器和天线开关进入接收机，通过第一双段螺旋线谐振器 L_{401} 和 L_{402} 加到射频放大器 V_{401} 的基极。后随的三个螺旋谐振器将信号传至 FET 混频器 V_{402} 的栅极。五个螺旋谐振器确定射频部分的选择性。

FET 混频器具有高输入阻抗、高功率增益和相当小的互调分量。信号加到栅极，而源极被注入本地振荡器信号。

来自频率合成器的信号注入电压，加在图 9.4 下部左侧的 J_{351} 上。功率注入电平接近 $5\sim15\mathrm{mV}$。电阻、电容组合提供共栅极缓冲放大器(V_{351})源极输入端所需的匹配。该 FET 组合具有低输入阻抗和高输出阻抗。它是一个射频放大器，不需要中和，且具有匹配用的低输入阻抗双极晶体管和 FET 晶体管的各种电路。

随后的电感电容滤波器仅允许通过注入电压的频率，其频率范围在 $149\sim185\mathrm{MHz}$ 之间，其他频率则短路接地。三倍倍频器 V_{352} 将注入频率倍乘一个因子 3。这样，混频器注入 L_{355} 和 L_{356} 组成的螺旋滤波器，由混频器 V_{402} 的漏极通过一阻抗匹配网络，加至四端晶体滤波器 Z_{401} 和 Z_{402} 上。该滤波器选择性很高，由它确定接收机的第一中频(IF)选择性。信号通过另一个匹配网络，然后，加至第一中频放大器 V_{403} 上。该放大器是一个双栅极 MOS FET 放大器。注意，晶体滤波器输出电压是加在 MOS FET 栅极 G_1 上的。加至 MOS FET 栅极 G_2 上的偏置电压决定了放大器的增益。该放大器提供仅 20dB 的中频增益。漏极谐振电路和阻抗匹配网络随后，将信号传送至多用途集成电路 IC_{501} 的引脚 16 上，如图 9.5 所示。45MHz 中频信号经二极管 V_{D401} 和 V_{D402} 限幅为 $1.4\mathrm{V}$ 峰—峰电压，以防止对 IC_{501} 产生高电平过载。

集成电路提供四种功能：第二混频、限幅、调频检波和静噪。集成电路包括一个精确工作在 $45.455\mathrm{MHz}$ 上的晶体振荡器。该频率由电感 L_{501} 确定。在与集成电路内输入的第一中频信号混频后，产生一个精确的 $455\mathrm{kHz}$ 差频信号，经放大后加至输出端(引脚 4)，后接陶瓷滤波器 Z_{501}。第二中频选择性由该滤波器决定。

第二中频信号在集成电路内放大和限幅。电感 L_{502} 将第二中频信号的一个分量相移 $90°$，再将它加至内部的调频检波器。直达分量与 $90°$ 相移分量的组合，产生正交检波。两个分量比较的结果，恢复了原始音频调制信号。集成电路引脚 9 上的音频输出信号加至音频前置放大器 V_{601} 基极。其发射机的输出信号加至检测键控开关 S_{602} 和作为频率合成器板一个组成部分的信道防护滤波电路以及集成电路 IC_{501} 的静噪电路输入端(引脚 10)。

音频前置放大器 V_{601} 输出端输出的第二个分量，经过插座 P_{303} 引脚 3，加在频率合成器/内连板上的信道保护滤波器 IC_{703} 上。通过电容 C_{614}，音频信号加至音频放大器输出级 IC_{601} 上，经放大后加至扬声器上。电阻 R_{618} 和电容 C_{615} 组成去加重网络。

V_{603} 实施音频输出的实际开关功能。当接收到电话并伴随正确信道防护单音或电码时，RX 静默线(P_{903} 的引脚 4)为高电位。这样一来，音频开关 V_{603} 被切断，音频放大器恢复放大作用，因而扬声器有输出信号。在这样一种状态下，有一个正常偏置电流加至音频运算放大器(IC_{601})的引脚 2 上。当静默线为低电位时，即当未接收到信号时，音频开关 V_{603} 断开，附加的偏置电流加至音频放大器的引脚 2 上，因而 IC_{601} 切断。

音频前置放大器 V_{601} 输出的第三个分量加至监视器开关 S_{602} 上。按压监视器开关，信道防护动作被旁路。与此同时，接至 V_{603} 的 RX 静默线为高电位，因而音频放大器实施放大功能。此时，这一功能可以确定信道为激活还是不激活。

9.3　制作 49.67MHz 窄带调频发射器举例

与调幅系统相比，调频系统由于高频振荡器输出的振幅不变，因而具有较强的抗干扰能力与较高的效率。所以在无线通信、广播电视、遥控遥测等方面获得广泛应用。

49.67MHz 窄带调频发射机以 Motorola 公司推出的窄带调频发射集成电路 MC2833 为核心，MC2833 是同步开发无绳电话和调频通信设备的 FM 发射系统，内置话筒放大电路、压控振荡器（VCO）和两级缓冲放大晶体管。这种集成电路有很多特点，它的工作电压范围在 2.8～9.0V，低功耗电流（当 $U_{CC}=4.0$V，无信号调制时，消耗的电流典型值为 2.9mA），只需少量的外围元器件，60MHz 的频率具有 -30dB 直接功率输出，使用片内放大晶体管输出功率可达 $+10$dBm，可以接入 FCC、DOT、PTT 等射频电路。

用集成电路 MC2833 制作窄带调频器。主要的工作频率为 49.67MHz，最大频偏不小于 3kHz，输入音频压缩幅度 3mV，电源电压 5V。天线有效长度 1.5m，发射距离大于 20m。

在设计印制板电路过程中，要注意印制板上的元器件要合理安排，注意地线宽度和高频零电位点的安排，高频信号的走线要避免过长。

调整机电路时，要确定最佳调制工作点。可以将集成电路的 3 引脚上的固定电阻换成电位器。调节电位器，选择不同的调制工作点，测得输出频偏与调制工作点的关系，作出它们的关系曲线，即晶体调频器的静态调制特性曲线（$u—f$ 曲线），从该特性曲线上确定最佳调制工作点。

下面介绍 MC2833 的引脚和内部功能图，如图 9.6 所示。

MC2833 的内部功能主要包括可压控的射频振荡器、音频电压放大器和辅助晶体管放大器等。

射频振荡器是片内克拉泼型电路，在克拉泼型电路的基础上构成基音（或泛音）晶体 VCO。音频电压放大器为高增益运算放大电路，其频率响应为 35kHz 左右。

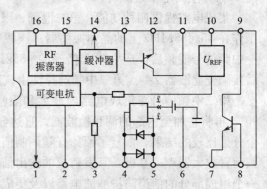

图 9.6　MC2833 的引脚和内部功能图

输入信号（语音信号）从引脚 5 输入，经过高增益运算放大电路后从引脚 4 输出，再加到引脚 3 上，通过可调电抗控制振荡频率变化，在晶体直接调频工作方式下，产生 $\pm$ 2.5kHz 左右频偏。如果需要提高调制器输出的中心频率和频偏时，可由缓冲器进行二倍频或三倍频，再利用辅助晶体管放大射频功率，当 $U_{CC}=8$V 时，射频输出功率可达到 $+5$～$+10$dB。

制作 49.67MHz 窄带调频发射器的典型电路如图 9.7 所示。图中电感可选 3.3～4.7μH 范围，晶体选用 16.5667MHz 基音晶体。其他元件参数可按照图中选用，要求误差在 ±5% 左右，去耦电容可在几千皮法范围内选用。

引脚 9 处接输出负载回路，49.67MHz 窄带调频信号通过拉杆天线辐射。

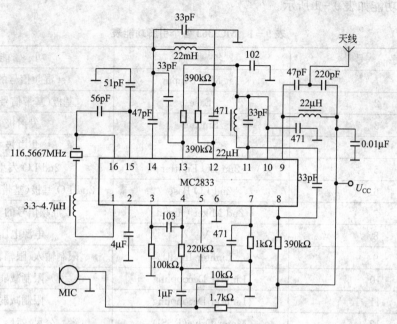

图 9.7 49.67MHz 窄带调频发射器

9.4 制作 49.67MHz 窄带调频接收器举例

制作 49.67MHz 窄带调频接收器是以 Motorola 公司推出的窄带调频接收集成电路 MC3363 为核心的。该集成电路特点可查阅 Motorola 公司通信器件手册。

用集成电路 MC3363 制作窄带调频接收器。工作频率为 49.67MHz，电源电压 2～7V，调试好之后可以接收 9.3 节介绍的窄带调频发射器发出的信号。

在设计印制板电路过程中，要注意印制板上的元器件要安排合理，地线宽度，信号的走线要避免过长。

MC3363 的引脚和内部功能框图如图 9.8 所示。MC3363 的内部功能主要包括第一混频、第二混频、第一本振、第二本振、限幅中放、正交检波电路等。

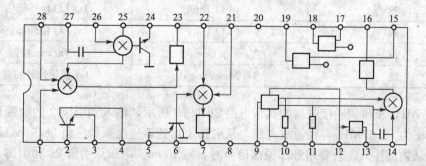

图 9.8 MC3363 的引脚和内部功能框图

各引脚功能如表9-1所示。

表9-1 MC3363各个引脚功能表

序　号	名　　称	功　　能
1	1st Mixer Input	1st 混频信号的输入
2	Base	基极（基带信号输入）
3	Emitter	发射极
4	Collector	集电极
5	2nd LO Emitter	2nd LO 发射极
6	2nd LO Base	2nd LO 基极（基带信号输入）
7	2nd Mixer Outsut	混频信号的输出
8	V_{CC}	电源电压
9	Limiter Input	限制输入（限幅输入端）
10	Limiter Decoupling	限制减弱
11	Limiter Decoupling	限制减弱
12	Meter Drive(RSSI)	（米、公尺、计、表）驱动
13	Carrier Detect	载波检测
14	Quadrature Coil	积分环
15	Mute Input	弱音输入
16	Recovered Audio	音量调整
17	Comparator Input	比较输入
18	Comparator Output	比较输出
19	Mute Output	弱音输出
20	V_{EE}	电源电压
21	2nd Mixer Input	2nd 混频信号的输出
22	2nd Mixer Output	2nd 混频信号的输出
23	1st Mixer Output	1st 混频信号的输出
24	1st LO Output	1st LO（本振）输出
25	1st LO Tank	1st LO 接外部信号
26	1st LO Tank	1st LO 接外部信号
27	Varicap Control	Varicap 控制
28	1st Mixer Input	1st 混频信号的输入

　　49.67MHz 窄带调频接收器的典型电路如图 9.9 所示，输入到引脚 2 的窄带调频信号的中心频率为 69.67MHz，经过放大后，从引脚 1 加到第一混频器，而 38.97MHz 的第一本振信号从内部注入。若要用外部振荡信号时，需 100mV 电压从引脚 25 和引脚 26 输入。第一中频本振信号由另一块晶体产生。第二混频器输出 455MHz 中频信号，也经陶瓷滤波器从引脚 9 加到限幅中放，增益为 60dB，带宽较窄，约 3.5kHz。正交检波后从引脚 16

输出音频信号，后接一片放大器。

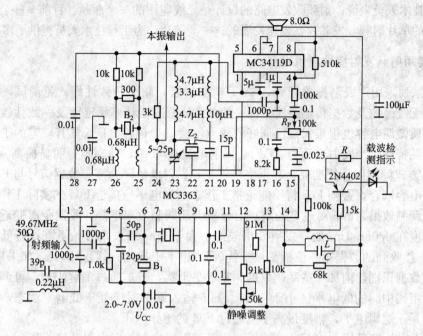

图 9.9 49.67MHz 窄带调频接收器

图 9.9 中还有一些外接元件，第一本振所用泛音晶体的串联谐振电阻应远小于 300Ω，与晶体并接的 300Ω 电阻限制其他振荡频率出现。而正交线圈两端并联的 68kΩ 电阻用来确定解调器的峰距（线性范围）。较小的阻值可降低 Q 值，以改善频偏线性区的大小，但却会影响再现音频信号电平幅度。

对于 MC3363 集成电路来说，在信噪失真比（$SINAD$）为 12dB 时，具有优于 $0.3\mu V$ 的灵敏度。信噪失真比的意义为

$$SINAD(\text{dB})\frac{s+N+D}{N+D}\text{dB}$$

式中，S 为信号电平；N 为噪声电平；D 为失真分量电平，通常指解调器输出有用信号的二次谐波电平。在规定的 12dB 信噪失真比下，窄带调频接收机输入所需要的最小信号电平，称为 $SINAD$ 灵敏度，可用 μV 或 $dB\mu$ 表示。

另外，还包括 LC 为 455kHz 正交谐振回路；RP 为音量控制电位器；B_1 为 10.245MHz 泛音晶体，负载电容 32pF；B_2 为 38.97Hz 泛音晶体，串联型晶体振荡器，调整线圈为 0.68mH；Z_1 为 455kHz 陶瓷滤波器，$R_{\text{in}}=R_{\text{out}}=(1.5\sim2.0)\text{k}\Omega$；$Z_2$ 为 10.7MHz 陶瓷滤波器，$R_{\text{in}}=R_{\text{out}}=330\text{k}\Omega$；若采用晶体滤波器，可以更加改善邻频道干扰与第二镜像抑制，提高接收机的选择性和灵敏度；R 用来调整发光二极管电流 $I_{\text{LED}}\approx(U_{\text{CC}}-U_{\text{LED}})/R$，$U_{\text{LED}}$ 一般为 1.7~2.2V。

9.5 常用射频发射模块与接收模块

在数字音频和数字视频无线传输系统、无线遥控和遥测系统、无线数据采集系统、无线

网络、无线安全防范系统等应用中，无线收发电路是必不可少的。对于缺少射频电路设计经验的工程技术人员来说，射频收发电路的设计是无线应用的一个瓶颈。目前一些公司可以提供一系列的单片射频收发芯片，迅速发展的这一类芯片，为工程技术人员提供了多种选择。

9.5.1　常用射频发射模块应用举例

F05 系列采用声表谐振器稳频，SMT 树脂封装，频率一致性好，免调试，特别适合多发一收无线遥控及数据传输系统。而一般的 LC 振荡器频率稳定度及一致性较差，即使采用高品质微调电容也很难保证已调好的频点不会发生偏移。F05 具有较宽的工作电压范围及低功耗特性，当发射电压为 3V 时，发射电流约 2mA，功率不再明显提高。F05 系列采用 AM 方式调制以降低功耗，数据信号停止，发射电流降为零，数据信号与 F05 用电阻而不能用电容耦合，否则 F05 将不能正常工作。数据电平应接近 F05 的实际工作电压以获得较高的调制效果，F05 对过宽的调制信号易引起调制效率下降，收发距离变近。当高电平脉冲宽度在 0.08～1ms 时，发射效果较好，大于 1ms 后效率开始下降；当低电平区大于 10ms，接收到的数据第一位极易被干扰（即零电平干扰）而引起不解码。如采用 CPU 编译码可在数据识别位前加一些乱码以抑制零电平干扰，若是通过编解码器，可调整振荡电阻，使每组码中间的低电平区小于 10ms。F05 输入端平时应处于低电平状态，输入的数据信号应是正逻辑电平，幅度最高不应超过 F05 的工作电压。

F05 天线长度可从 0～250mm 选用，也可无天线发射，但发射效率下降。

F05C 为改进型，体积更小，内含隔离调制电路消除输入信号对射频电路的影响，信号直接耦合，性能更加稳定。

F05 应垂直安装在印制板边部，应离开周围器件 5mm 以上，以免受分布参数影响而停振。F05 发射距离与调制信号天线在开阔区最大发射距离约为 250m，在障碍区相对要近，由于折射反射会形成一些死区及不稳定区域，不同的收发环境会有不同的收发距离。如需更远的可靠距离，可在 F05 的输出端增加一级射频功率放大器。

图 9.10(a)、(b) 为 F05 典型应用电路，工作电压为 3～12V，发射电流 2～10mA，发射功率 10mV，发射频率 315MHz 和 433MHz，工作温度为 −40～+60℃，传输速率小于 10kbit/s，编码器采用 PT2262，振荡电阻取 3.3MΩ 效果较好，17 引脚无信号输出时，

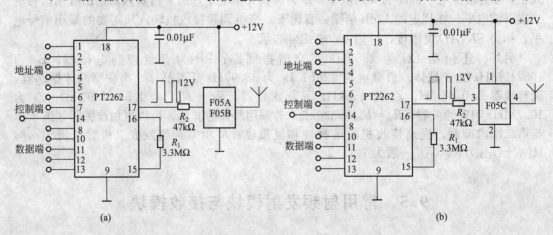

图 9.10　F05 典型应用电路

F05不工作，发射电流为零；当14引脚为低电平时，17引脚输出已设定的编码脉冲对F05进行调制发射，通过测试F05工作电流，可大致判断F05是否处于正常发射状态，空码加天线时发射电流为6mA左右，调整R_2可调整发射电流，R_2取值小可提高发射距离，但易引起调制甚至停振。

9.5.2　常用射频接收模块应用举例

　　J05 系列采用超外差二次变频结构，所有的射频接收，混频，滤波，数据解调，放大整形全部在芯片内完成，接收功能高度集成化，免去射频频率调试及超再生接收电路的不稳定性，具有体积小，可靠性高，频率稳定，接收频率免调试，安装使用极为方便。J05B引脚功能如图 9.11 所示。

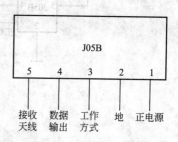

图 9.11　J05B 引脚功能

　　J05B有两种工作方式可供选择，以适合解调不同的数据速率，第 3 引脚悬空（内部已上拉为高电平）射频接收带宽较宽，可适应发射频率精度误差较大的声表谐振器稳频的发射机及一般的 LC 发射机。第 3 引脚接地，射频接收带宽较窄，解调滤波器带宽较大，但要求配套的发射机必须具有较高的频率精度及稳定度，发射频率必须由晶体或精度较高的声表谐振器稳频。多次试验结果，编码器PT2262振荡电阻用 1.2MΩ，第 3 引脚悬空接收效果较好，同时对配套发射频点精度放宽可降低发射成本，抗干扰性也好。若是用于单片机数据传输，1200～2400Bd 合适，否则 J05B 无信号输出或接收距离很近。

　　J05B具有与标准解码器及单片机的＋5V 逻辑电平接口。J05B 在无信号状态下输出为一片随机噪声，虽然在接收到数据信号时噪声被抑制，但在信号较弱（远距）时这种随机噪声极易影响到数据的起止位而导致数据错误而不解码。解决的办法是连发几次或在起止位前加一些乱码以抑制零电平状态干扰，若是标准编解码器可调整振荡电阻使每组码中间的零电平区干扰最小，同时应兼顾 J05B 解调滤波器带宽及发射效率，因为太低的调制频率会使发射效率下降而影响收发距离。

　　J05B天线一般取 1/4λ 即可，如在天线端口加 LC 谐振回路可抑制射频干扰，提高接收灵敏度。

　　图 9.12 为 J05B 的一则典型应用电路。解码器 PT2272 振荡电阻取 680kΩ，编码器应为 3.3MΩ，17 引脚为解码有效指示端。解码时输出直流高电平，可驱动一支发光二极管（LED）发光指示。8 引脚，10～13 引脚为 5 路数据输出，与 PT2262 对应。如采用 VD5026，VD5027 编解码器，振荡电阻应都取 200kΩ，同时发射电压应改为 6V。如采用单片机，同时应注意印制板及地线布局，否则单片机晶体会干扰 J05B 使接收到的数据错误。

　　J05B对电源纹波及电压范围要求较严，不宜使用开关电源，可采用 7805 三端稳压器，J05B 若有随机噪声输出而无信号，应首先检查发射电路，如是传输单片机数据则应调整单片机数据速率，若收发距离很近，用示波器观察 J05B 输出的数据是否被干扰（即零电平干扰点），噪声干扰可以被信号抑制，但不合理的地线及部件引入的干扰很难被抑制，应逐步断开后级电路找到干扰源。

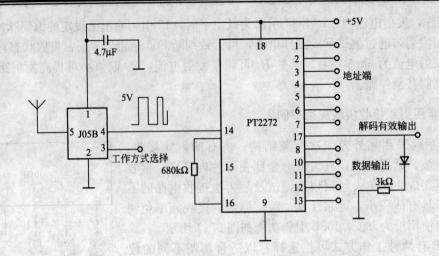

图 9.12　J05B 典型应用电路

参 考 文 献

[1] 王秉均，王少勇，王彦杰. 通信原理基本教程. 北京：北京邮电大学出版社，2005.

[2] 李文元. 无线通信技术概论. 北京：国防工业出版社，2006.

[3] 邬正义，范瑜，徐惠钢. 现代无线通信技术. 北京：高等教育出版社，2006.

[4] 申功迈，钮文良. 高频电子线路. 西安：西安电子科技大学出版社，2004.

[5] 胡宴如. 模拟电子技术. 北京：高等教育出版社，2003.

[6] 李雅轩. 模拟电子技术. 西安：西安电子科技大学出版社，2000.

[7] 郑应光，王维平，王钧铭. 模拟电子线路(高频部分). 西安：西安电子科技大学出版社，1996.

[8] 曾兴雯，等. 通信电子线路. 北京：科学出版社，2006.

[9] 于洪珍. 通信电子线路. 北京：清华大学出版社，2005.

[10] 胡宴如. 高频电子线路. 北京：高等教育出版社，1993.

[11] 张肃文. 高频电子线路. 北京：高等教育出版社，1984.

参考文献

北京大学出版社高职高专机电系列规划教材

序号	书号	书名	编著者	定价	出版日期
1	978-7-301-12181-8	自动控制原理与应用	梁南丁	23.00	2012.1 第3次印刷
2	978-7-5038-4869-8	设备状态监测与故障诊断技术	林英志	22.00	2013.2 第4次印刷
3	978-7-301-13262-3	实用数控编程与操作	钱东东	32.00	2011.8 第3次印刷
4	978-7-301-13383-5	机械专业英语图解教程	朱派龙	22.00	2013.1 第5次印刷
5	978-7-301-13582-2	液压与气压传动技术	袁 广	24.00	2011.3 第3次印刷
6	978-7-301-13662-1	机械制造技术	宁广庆	42.00	2010.11 第2次印刷
7	978-7-301-13574-7	机械制造基础	徐从清	32.00	2012.7 第3次印刷
8	978-7-301-13653-9	工程力学	武昭晖	25.00	2011.2 第3次印刷
9	978-7-301-13652-2	金工实训	柴增田	22.00	2013.1 第4次印刷
10	978-7-301-14470-1	数控编程与操作	刘瑞已	29.00	2011.2 第3次印刷
11	978-7-301-13651-5	金属工艺学	柴增田	27.00	2011.6 第2次印刷
12	978-7-301-12389-8	电机与拖动	梁南丁	32.00	2011.12 第2次印刷
13	978-7-301-13659-1	CAD/CAM 实体造型教程与实训 (Pro/ENGINEER 版)	诸小丽	38.00	2012.1 第3次印刷
14	978-7-301-13656-0	机械设计基础	时忠明	25.00	2012.7 第3次印刷
15	978-7-301-17122-6	AutoCAD 机械绘图项目教程	张海鹏	36.00	2011.10 第2次印刷
16	978-7-301-17148-6	普通机床零件加工	杨雪青	26.00	2010.6
17	978-7-301-17398-5	数控加工技术项目教程	李东君	48.00	2010.8
18	978-7-301-17573-6	AutoCAD 机械绘图基础教程	王长忠	32.00	2010.8
19	978-7-301-17557-6	CAD/CAM 数控编程项目教程(UG 版)	慕 灿	45.00	2012.4 第2次印刷
20	978-7-301-17609-2	液压传动	龚肖新	22.00	2010.8
21	978-7-301-17679-5	机械零件数控加工	李 文	38.00	2010.8
22	978-7-301-17608-5	机械加工工艺编制	于爱武	45.00	2012.2 第2次印刷
23	978-7-301-17707-5	零件加工信息分析	谢 蕾	46.00	2010.8
24	978-7-301-18357-1	机械制图	徐连孝	27.00	2012.9 第2次印刷
25	978-7-301-18143-0	机械制图习题集	徐连孝	20.00	2011.1
26	978-7-301-18470-7	传感器检测技术及应用	王晓敏	35.00	2012.7 第2次印刷
27	978-7-301-18471-4	冲压工艺与模具设计	张 芳	39.00	2011.3
28	978-7-301-18852-1	机电专业英语	戴正阳	28.00	2011.5
29	978-7-301-19272-6	电气控制与 PLC 程序设计(松下系列)	姜秀玲	36.00	2011.8
30	978-7-301-19297-9	机械制造工艺及夹具设计	徐 勇	28.00	2011.8
31	978-7-301-19319-8	电力系统自动装置	王 伟	24.00	2011.8
32	978-7-301-19374-7	公差配合与技术测量	庄佃霞	26.00	2013.8 第2次印刷
33	978-7-301-19436-2	公差与测量技术	余 键	25.00	2011.9
34	978-7-301-19010-4	AutoCAD 机械绘图基础教程与实训(第2版)	欧阳全会	36.00	2013.1 第2次印刷
35	978-7-301-19638-0	电气控制与 PLC 应用技术	郭 燕	24.00	2012.1
36	978-7-301-19933-6	冷冲压工艺与模具设计	刘洪贤	32.00	2012.1
37	978-7-301-20002-5	数控机床故障诊断与维修	陈学军	38.00	2012.1
38	978-7-301-20312-5	数控编程与加工项目教程	周晓宏	42.00	2012.3
39	978-7-301-20414-6	Pro/ENGINEER Wildfire 产品设计项目教程	罗 武	31.00	2012.5
40	978-7-301-15692-6	机械制图	吴百中	26.00	2012.7 第2次印刷
41	978-7-301-20945-5	数控铣削技术	陈晓罗	42.00	2012.7
42	978-7-301-21053-6	数控车削技术	王军红	28.00	2012.8
43	978-7-301-21119-9	数控机床及其维护	黄应勇	38.00	2012.8
44	978-7-301-20752-9	液压传动与气动技术(第2版)	曹建东	40.00	2012.8
45	978-7-301-18630-5	电机与电力拖动	孙英伟	33.00	2011.3
46	978-7-301-16448-8	Pro/ENGINEER Wildfire 设计实训教程	吴志清	38.00	2012.8
47	978-7-301-21239-4	自动生产线安装与调试实训教程	周 洋	30.00	2012.9
48	978-7-301-21269-1	电机控制与实践	徐 锋	34.00	2012.9
49	978-7-301-16770-0	电机拖动与应用实训教程	任娟平	36.00	2012.11
50	978-7-301-20654-6	自动生产线调试与维护	吴有明	28.00	2013.1
51	978-7-301-21988-1	普通机床的检修与维护	宋亚林	33.00	2013.1
52	978-7-301-21873-0	CAD/CAM 数控编程项目教程(CAXA 版)	刘玉春	42.00	2013.3
53	978-7-301-22315-4	低压电气控制安装与调试实训教程	张 郭	24.00	2013.4
54	978-7-301-19848-3	机械制造综合设计及实训	裴俊彦	37.00	2013.4
55	978-7-301-22632-2	机床电气控制与维修	崔兴艳	28.00	2013.7
56	978-7-301-22672-8	机电设备控制基础	王本轶	32.00	2013.7
57	978-7-301-22678-0	模具专业英语图解教程	李东君	22.00	2013.7

北京大学出版社高职高专电子信息系列规划教材

序号	书号	书名	编著者	定价	出版日期
1	978-7-301-12180-1	单片机开发应用技术	李国兴	21.00	2010.9 第 2 次印刷
2	978-7-301-12386-7	高频电子线路	李福勤	20.00	2013.8 第 3 次印刷
3	978-7-301-12384-3	电路分析基础	徐 锋	22.00	2010.3 第 2 次印刷
4	978-7-301-13572-3	模拟电子技术及应用	刁修睦	28.00	2012.8 第 3 次印刷
5	978-7-301-12390-4	电力电子技术	梁南丁	29.00	2010.7 第 2 次印刷
6	978-7-301-12383-6	电气控制与 PLC(西门子系列)	李 伟	26.00	2012.3 第 2 次印刷
7	978-7-301-12387-4	电子线路 CAD	殷庆纵	28.00	2012.7 第 4 次印刷
8	978-7-301-12382-9	电气控制及 PLC 应用(三菱系列)	华满香	24.00	2012.5 第 2 次印刷
9	978-7-301-16898-1	单片机设计应用与仿真	陆旭明	26.00	2012.4 第 2 次印刷
10	978-7-301-16830-1	维修电工技能与实训	陈学平	37.00	2010.7
11	978-7-301-17324-4	电机控制与应用	魏润仙	34.00	2010.8
12	978-7-301-17569-9	电工电子技术项目教程	杨德明	32.00	2012.4 第 2 次印刷
13	978-7-301-17696-2	模拟电子技术	蒋 然	35.00	2010.8
14	978-7-301-17712-9	电子技术应用项目式教程	王志伟	32.00	2012.7 第 2 次印刷
15	978-7-301-17730-3	电力电子技术	崔 红	23.00	2010.9
16	978-7-301-17877-5	电子信息专业英语	高金玉	26.00	2011.11 第 2 次印刷
17	978-7-301-17958-1	单片机开发入门及应用实例	熊华波	30.00	2011.1
18	978-7-301-18188-1	可编程控制器应用技术项目教程(西门子)	崔维群	38.00	2013.6 第 2 次印刷
19	978-7-301-18322-9	电子 EDA 技术(Multisim)	刘训非	30.00	2012.7 第 2 次印刷
20	978-7-301-18144-7	数字电子技术项目教程	冯泽虎	28.00	2011.1
21	978-7-301-18519-3	电工技术应用	孙建领	26.00	2011.3
22	978-7-301-18770-8	电机应用技术	郭宝宁	33.00	2011.5
23	978-7-301-18520-9	电子线路分析与应用	梁玉国	34.00	2011.7
24	978-7-301-18622-0	PLC 与变频器控制系统设计与调试	姜永华	34.00	2011.6
25	978-7-301-19310-5	PCB 板的设计与制作	夏淑丽	33.00	2011.8
26	978-7-301-19326-6	综合电子设计与实践	钱卫钧	25.00	2013.8 第 2 次印刷
27	978-7-301-19302-0	基于汇编语言的单片机仿真教程与实训	张秀国	32.00	2011.8
28	978-7-301-19153-8	数字电子技术与应用	宋雪臣	33.00	2011.9
29	978-7-301-19525-3	电工电子技术	倪 涛	38.00	2011.9
30	978-7-301-19953-4	电子技术项目教程	徐超明	38.00	2012.1
31	978-7-301-20000-1	单片机应用技术教程	罗国荣	40.00	2012.2
32	978-7-301-20009-4	数字逻辑与微机原理	宋振辉	49.00	2012.1
33	978-7-301-20706-2	高频电子技术	朱小样	32.00	2012.6
34	978-7-301-21055-0	单片机应用项目化教程	顾亚文	32.00	2012.8
35	978-7-301-17489-0	单片机原理及应用	陈高锋	32.00	2012.9
36	978-7-301-21147-2	Protel 99 SE 印制电路板设计案例教程	王 静	35.00	2012.8
37	978-7-301-19639-7	电路分析基础(第 2 版)	张丽萍	25.00	2012.9
38	978-7-301-22362-8	电子产品组装与调试实训教程	何 杰	28.00	2013.6
39	978-7-301-22546-2	电工技能实训教程	韩亚军	22.00	2013.6
40	978-7-301-22390-1	单片机开发与实践教程	宋玲玲	24.00	2013.6

相关教学资源如电子课件、电子教材、习题答案等可以登录 www.pup6.com 下载或在线阅读。

扑六知识网(www.pup6.com)有海量的相关教学资源和电子教材供阅读及下载(包括北京大学出版社第六事业部的相关资源)，同时欢迎您将教学课件、视频、教案、素材、习题、试卷、辅导材料、课改成果、设计作品、论文等教学资源上传到 pup6.com，与全国高校师生分享您的教学成就与经验，并可自由设定价格，知识也能创造财富。具体情况请登录网站查询。

如您需要免费纸质样书用于教学，欢迎登录第六事业部门户网(www.pup6.cn)填表申请，并欢迎在线登记选题以到北京大学出版社来出版您的大作，也可下载相关表格填写后发到我们的邮箱，我们将及时与您取得联系并做好全方位的服务。

扑六知识网将打造成全国最大的教育资源共享平台，欢迎您的加入——让知识有价值，让教学无界限，让学习更轻松。

联系方式：010-62750667，yongjian3000@163.com，linzhangbo@126.com，欢迎来电来信。